追梦少年

暑假21天训练营

王俊峰 著

吉林文史出版社

JILIN WENSHI CHUBANSHE

图书在版编目（CIP）数据

追梦少年：暑假21天训练营 / 王俊峰著. -- 长春：
吉林文史出版社, 2024.5

ISBN 978-7-5752-0272-5

Ⅰ.①追… Ⅱ.①王… Ⅲ.①成功心理－青少年读物
Ⅳ.①B848.4-49

中国国家版本馆CIP数据核字(2024)第109687号

追梦少年：暑假21天训练营

著　　者：　王俊峰
责任编辑：　柳永哲
出版发行：　吉林文史出版社
社　　址：　吉林省长春市福祉大路出版集团A座
网　　址：　www. jlws.com.cn
印　　刷：　北京旺鹏印刷有限公司
开　　本：　787mm×1092mm　　　1/16
印　　张：　20
字　　数：　130千字
版　　次：　2024年5月第1版
印　　次：　2024年5月第1次印刷
书　　号：　ISBN　978-7-5752-0272-5
定　　价：　499.00元

王老师寄语

亲爱的同学:

你好!

暑期已悄然降临,很高兴与你在《追梦少年:暑假21天训练营》相遇,共赴这21天的成长之约。

暑假是读书的好时节,是出门旅行的好时节,是恰逢知己、得遇良师的好时节,也是总结上学期知识,预习新学期课程的好时节。在《追梦少年:暑假21天训练营》中,王老师邀请了各行各业的专家,从"读书""行动""阅人""问师""践悟"五个篇章,陪你以及诸多小伙伴一起,在阅读、行动和思考中探寻成长之道,伴你蜕变成有理想、有本领、有担当的好少年!

这21天,你首先会遇到哲学的追问:你为什么要读书?你的人生将驶向何处?同时你也会开始反思之前的学习方法和习惯:如何提升学习效率?如何发现自己的内在驱动力?

这21天,你需要踏上寻找"真谛"的旅程,学着去远方观察世界,在日常劳动中获得成长。你不仅会了解从挫折中汲取智慧的艺术,还会学习如何高效执行计划,使优秀不再是偶然,而是你习以为常的生活方式。

这21天,你不仅能遇见别人,还将发现自己。在名师的指点下,你将学会阅己、阅人、阅事。从行动与思考、自律与自由、觉察与合作等不同角度,同无数良师益友进行交流。而这,对你未来的成长大有裨益。

亲爱的同学,夏季是最有希望和干劲的季节,在这21天的"旅行"中,王老师希望你能全身心投入进来,一起确定人生航向,然后正视问题、无惧问题、解决问题。

今天只是序幕,明天才是华章。预祝你在未来21天的"旅行"中有所收获,有所成长!

2024年5月

王俊峰

荣誉成就

✦ "峰哥说教育"品牌创始人

✦ 国家二级心理咨询师

✦ 多所中小学名誉校长

✦ 家庭教育畅销书作家,著有《教育高手》《觉醒的父母》《新时代的好父母》等

✦ 家庭教育内容头部输出者之一,已连续直播1600余天,传播家庭教育的理念与方法,解决具体的家庭教育问题

✦ 持续学习的毅力感染了数千万家长和孩子,并带动他们坚持早起打卡学习

✦ 给孩子制订翔实的学业规划,激发他们的学习动力,深受家长和孩子的喜爱

目录

"阅"人无数

名"师"指路

自我感"悟"

梦想之书

国之栋梁，愿你的青春不负梦想

Day1

读书是为了什么？
——目标不同，动力不同

周恩来：为中华之崛起而读书。

——读书，是为了增强自己的能力与见识，为民族独立、国家富强作出贡献。

诸葛亮：非学无以广才，非志无以成学。

——读书，是为了提升个人才能，增长自己的智慧，实现远大的志向。

培根：读书给人以乐趣，给人以光彩，给人以才干。

——读书，是为了寻找乐趣、追求知识、提升自我。

陶渊明：好读书，不求甚解；每有会意，便欣然忘食。

——读书，是为了追求精神的满足与愉悦。

读书的动力源自个人内心的追求，不同的目标赋予了读书不同的意义和价值。崇高的理想、明确的目标激发了人们持之以恒的读书热情，进而推动这些名人在各自的领域发光发热！

我的梦想之书

那么，你又是为了什么而读书的呢？

李小涛

"为了考上好的大学，读自己喜欢的专业。"

"读书可以弥补我认知上的不足，让我了解很多原来不知道的东西。"

杜菲菲

沈小月

"书是智慧的结晶。书中的故事、人物和哲理往往能触动我的心灵，让我对生活充满憧憬和希望。"

现在，请写下你的梦想吧！

我的梦想是 _____

我读书是为了 _____

书在这头，梦想在那头。有梦想，读书的目标就会在我们的脑海中清晰可见；有计划地读书，梦想就能慢慢地照进现实，并最终变成现实。

四种具体方法
——找到人生的方向

如果你在读书时还没有找到自己的梦想，不要着急，试试下面三个方法，没准可以帮你找到人生的方向。

01 经历搜寻法

经历搜寻法,顾名思义,就是总结和反思你的人生经历,从而找到自己的方向和热情的方法。在搜寻过去的经历时,要注重三个方面:天赋、热情和成功经验。

1 请你尝试回忆过去的经历，并从中找到"成功的感觉"。

Q1:

你做哪些事情感到得心应手?

Q2:

你在做哪些事情的时候感到乐此不疲,甚至忘记了时间?

Q3:

你在哪些场景中感到自己充满能量?

2
李小涛

A1:

我在做一些科学小实验时特别得心应手。

A2:

每次做实验,我在寻找材料、准备材料,以及使用这些材料时,都特别专注,乐此不疲。

A3:

看着实验成功,我会感觉自己像一个伟大的魔法师。

3
自己

天赋、热情和成功经验不需要与别人比较,也没有统一的标准,只要自己觉得"有",那就可以了。下面试试用经历搜寻法,写写自己过去的"成功的感觉"吧!

A1:

A2:

A3:

找到人生方向的第二个方法,就是未来愿景设定法,也就是认真思考一下自己未来想要的生活,再对照目标来设定方向。

李小涛用未来愿景设定法描绘了自己的未来方向,并制订了行动计划。你是否也能完成自己的未来规划呢?

李小涛

自己

十年/二十年后的"我"	十年后,我会考入北京大学物理学专业;二十年后,我会在中国科学院近代物理研究所从事科学研究工作	
"我"的准备	☐ 扎实的物理学知识 ☐ 有较强的英语听说读写能力 ☐ 有较强的计算机操作能力	
"我"的计划	☐ 扎实的物理学知识 　☐ 认真学习各阶段的科学课程 　☐ 业余时间多读科学类图书 　☐ 多关注并参加科学类的竞赛 　☐ 多参加科学类的实践活动 　…… ☐ 有较强的英语方面的听说读写能力 　☐ 每天坚持晨读 　☐ 每月参加英语角 　…… ☐ 有较强的计算机操作能力 　☐ 紧跟时代,学习计算机知识	

工作没有高低贵贱之分,只要能实现你的人生价值,就是很好的工作。每个工作都会有各自的天花板,也会有不同的生活形态,锚定方向并为之奋斗吧!

如果你学过往期的21天训练营课程,想必对这个方法并不陌生,它可以帮助你在学业的各个阶段,都能够更明确自己的目标,最终实现自己的理想。

成为一名中国科学院近代物理研究所的研究员

Step5　硕士:北京大学物理学专业

Step4　大学:清华大学物理学专业

Step3　高中:省内最好高中年级前10名

Step2　初中:初中年级前50名

Step1　小学:小学年级前100名

画出你的梦想地图吧

Step5 硕士：_____

Step4 大学：_____

Step3 高中：_____

Step2 初中：_____

Step1 小学：_____

用"梦想人生金字塔"拓宽人生的广度

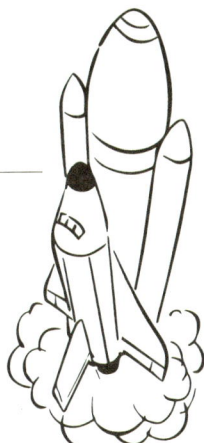

幸福的人生，不仅仅是拥有令人满意的工作，还需要考虑家庭、健康、精神等各个方面，利用梦想人生金字塔来构筑自己的理想生活吧！

梦想人生金字塔

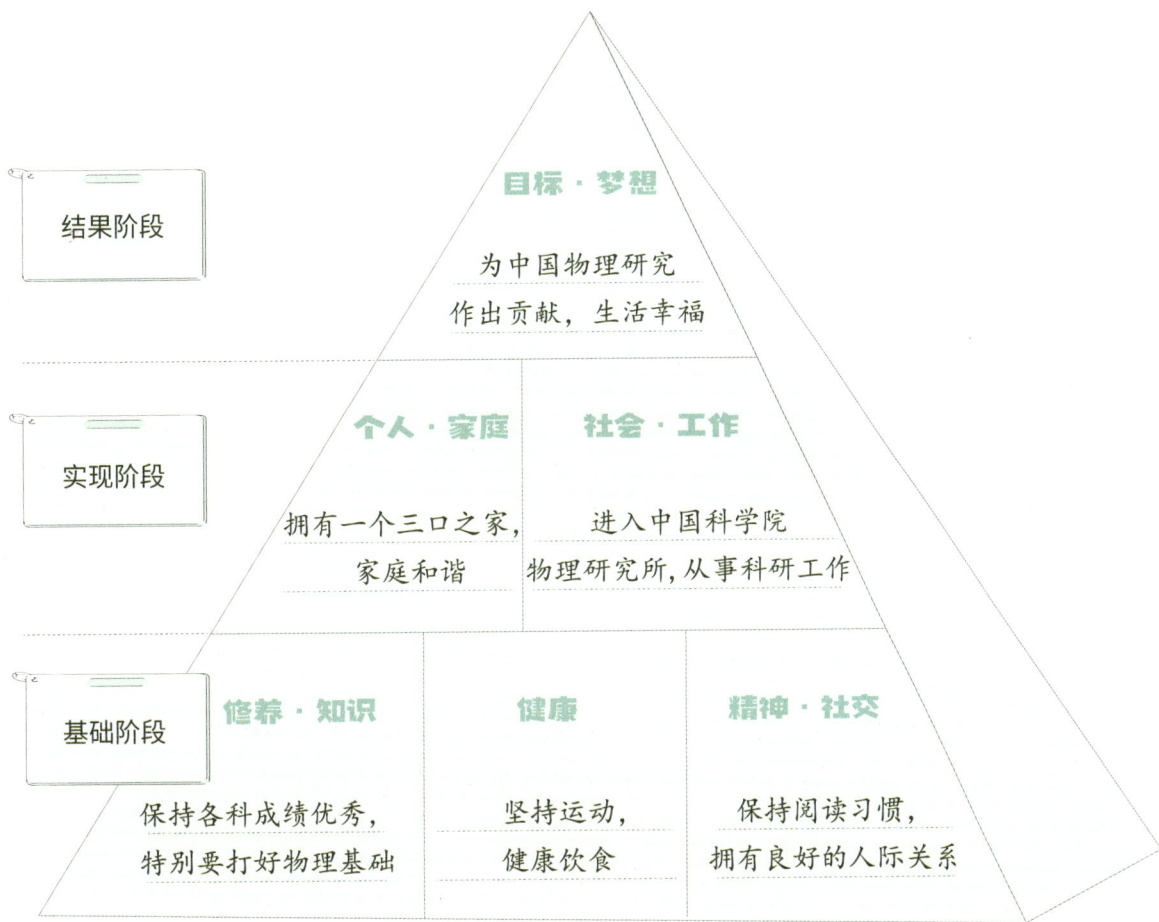

结果阶段

目标·梦想

为中国物理研究作出贡献，生活幸福

实现阶段

个人·家庭

拥有一个三口之家，家庭和谐

社会·工作

进入中国科学院物理研究所，从事科研工作

基础阶段

修养·知识

保持各科成绩优秀，特别要打好物理基础

健康

坚持运动，健康饮食

精神·社交

保持阅读习惯，拥有良好的人际关系

下面你来填一填
自己的梦想人生金字塔吧!

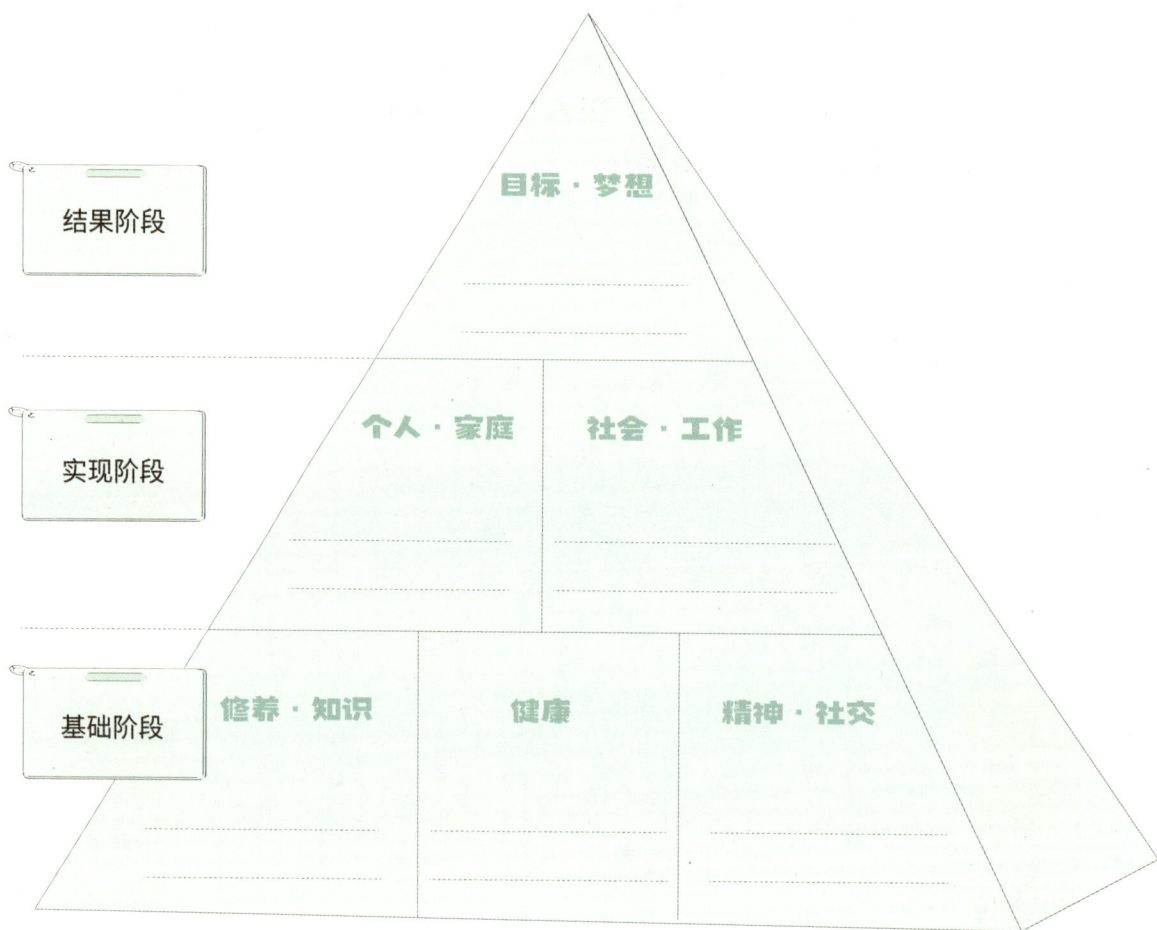

梦想人生金字塔

结果阶段

目标·梦想

....

....

实现阶段

个人·家庭

社会·工作

....

....

基础阶段

修养·知识

健康

精神·社交

填写完你的梦想人生金字塔,再回顾前面填写的"梦想之书",你对"梦想是什么""读书是为了什么"这两个问题,有了更清晰的认识了吗?

峰哥智慧锦囊

01 脑中有梦想，眼中有目标，心中有计划，读书有方向。

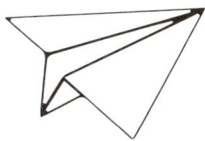

02 生活中没有梦想的人，是非常可怜的。

03 每一次尝试，都是通向梦想的一步。

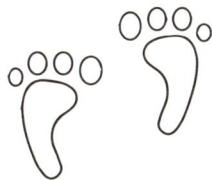

04 梦想，需要我们一步一个脚印地走出来。

今日复盘

复盘不仅是为了找到错误，还是为了不再犯错

我今天学习了：

其中最重要的是：

我知道了：

我仍有疑惑的是：

我计划：

今日情绪监测表

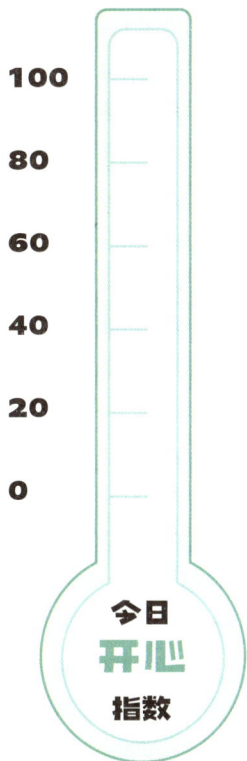

100
80
60
40
20
0

今日
开心
指数

3件美事

让你满血复活的3句话

明日晨读

时间	科目	晨读内容	效果评估 （待明日完成后评估）

明日计划

按ABC分类	起止时间	今日事项，要事第一 重要程度：A类>B类>C类	执行细则	完成 打 √

上午

下午

晚上

思考之书

从读书中寻找生命的答案,过有意义的人生

Day2

阅读，不仅是学习知识，更是培养素养

阅读是什么？你一定知道。

"阅读是我生活的一部分，我每天都需要阅读。"

李小涛

"阅读可以让我静下心来，不再那么烦躁。"

沈小月

"阅读可以让我和另一个时空的人对话，知道他的所思所想。"

杜菲菲

阅读很重要，我们都知道。上述这些美好又深刻的体验，我们总是能从各种地方听到、看到。但你真的明白阅读的意义，并掌握了阅读的方法吗？

"21世纪的文盲，将不是那些不会写字和阅读的人，而是那些无法学习、不愿学习和不重新学习的人。"

——未来学家 阿尔文·托夫勒

王老师

"21世纪还有文盲吗？"

"有。"

沈小月

王老师

"21世纪的文盲与什么能力有关呢？又是怎样体现的呢？"

"与学习能力有关，主要体现在无法学习、不愿学习和不重新学习。"

沈小月

王老师

"那一个人为什么会成为21世纪的文盲呢？"

"主要是学习态度不积极和学习意愿不强烈。"

沈小月

王老师

"你觉得小月说得对吗？你有没有其他的看法呢？"

结合脑科学领域大师斯坦尼斯拉斯·迪昂对阅读行为与脑科学的研究成果，我们可以把阅读定义为：把资讯输入到我们头脑的过程。

当然，通常情况下，我们谈论的阅读，主要指通过视觉进行资讯输入的方式。

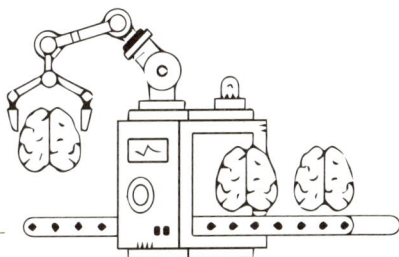

1. 只有文字才能阅读。 ⊗

2. 讯息相同,解读因人而异。 ✓

3. 从看到到读懂是一个过程。 ✓

简单来说,阅读就是处理作者、作者所写的内容以及读者这三者之间的关系。通过阅读来获取信息,再通过对信息的加工与应用来解决问题,这就是人生。

"我可以这样理解吗？比如阅读《老人与海》，我读到老人与马林鱼之间展开了殊死搏斗，老人坚韧和勇敢的品质让我非常震撼。我会想：如果我遇到了一些困难，比如跑800米时，中途感觉特别累，因为想到了这位老人，我就会再坚持一下。"

杜菲菲

"菲菲说得非常好，这就是从阅读中汲取了无限的力量，并逐渐形成了自己的阅读素养。这种阅读素养会伴随我们一生，让我们有能力处理人生中的各种问题。所以我们在开头才会说，阅读是生命的答案，怎样思考就有怎样的人生。"

王老师

用冰川模型来理解阅读素养

阅读素养其实并不难获取,它是一种非常基础的能力。如果用一个冰川模型来理解阅读素养,我们发现,平时用眼睛能看到的是海平面以上的部分 —— 知识力,即一个人的成绩好不好,分数高不高,知识面广不广。但是海平面以下的部分,包括隐性心理和持续过程,常常被我们忽略。

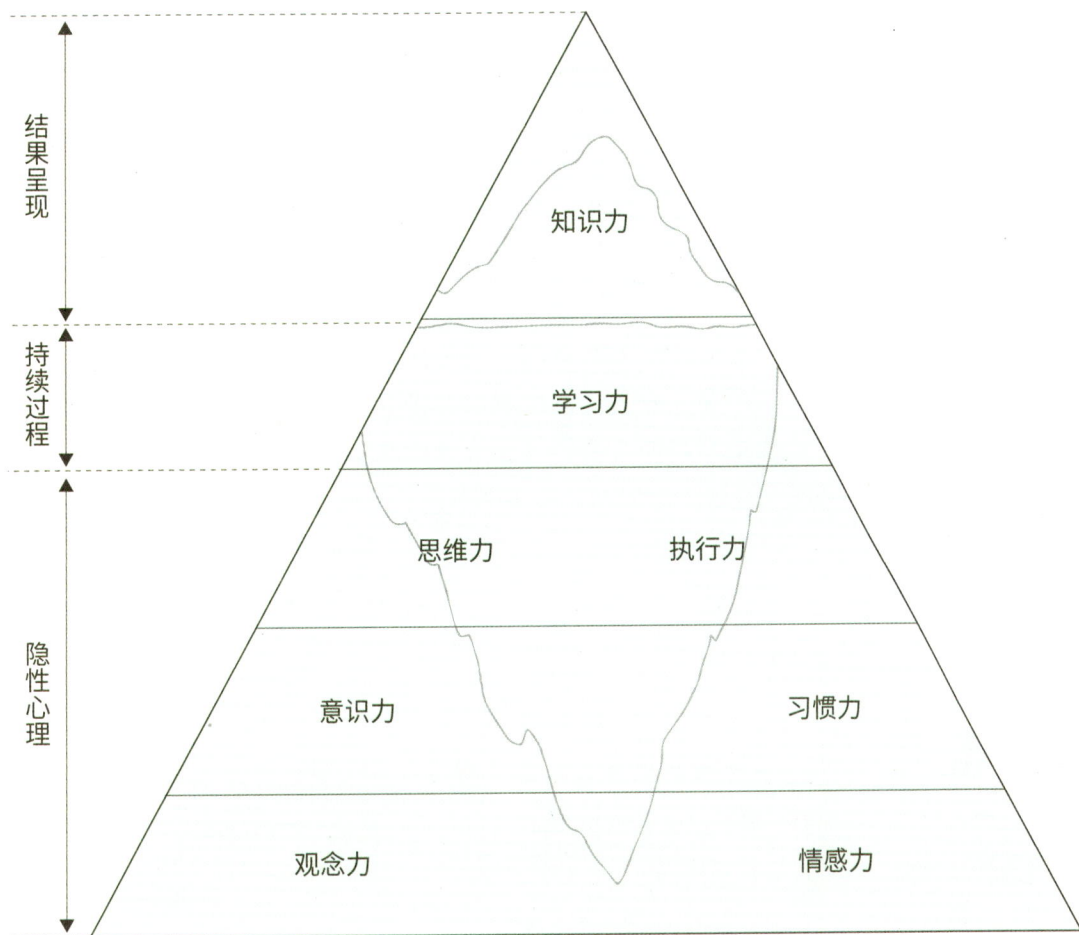

结果呈现

知识力

持续过程

学习力

隐性心理

思维力　执行力

意识力　习惯力

观念力　情感力

沈小月

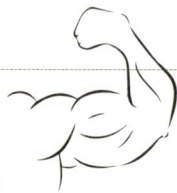

"我猜阅读素养就是学习力的一部分。"

"没错！想要成绩好，就要不断提升自己的阅读素养。"

王老师

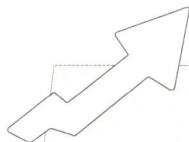

杜菲菲

"冰山下的隐性心理更隐蔽，我们怎么培养呢？"

"有一种隐性心理相信大家很熟悉，就是习惯力。往期21天训练营以及本期训练营，我们都在鼓励大家早起、做计划、总结反思，这就是在培养好的习惯。其他隐性心理，我们在之后的章节会逐一进行讲解，大家期待一下吧！"

王老师

"我已经迫不及待想都了解一下，但我还是从学习如何培养阅读素养开始吧！"

李小涛

阅读的三个层次

第一个层次

获取信息，看出文字中隐藏的信息。

第二个层次

统整解释。思考这些信息为什么出现，作者想表达什么内容。

第三个层次

省思评鉴。读者根据自身的知识储备和人生经历，思考作者讲得有没有道理、举例对不对、写得好不好。

四种心法，轻松培养阅读素养

"大家都听过《盲人摸象》的故事吧。故事里，每一个摸象的盲人都专注于自己摸到的部位，而忽略了对'大象'的整体研究。"

王老师

"如果我们不能全面获取文章中的多个关键信息，而是盯住其中一点用功，那就是摸象的'盲人'了，永远也看不到文章的全貌。"

沈小月

Q1:你摸到的是大象的哪个部位？

Q2:大象有哪些部位？

"还有一句话，'尽信书不如无书'，阅读一定要有批判性思维，要结合个人的经验和立场进行判断。"

王老师

✓ ✗

"什么意思？"

李小涛

"比如我们可以判断一下，作者写的是观点还是事实。观点带有一定的主观性，而事实一般都是客观存在的。"

沈小月

"我知道了，比如'《愚公移山》中告诉我们：只要有坚定的信念和毅力，再大的困难也能克服'，这就是观点；'地球每天绕着自己的轴旋转一圈'，这就是事实。"

李小涛

想一想"一千个读者就有一千个哈姆雷特"，说的是观点还是事实呢？

当我们还是小孩子时，总是会问"为什么"，这就是探究力。但当我们长大了，老师和教科书说什么，我们就深信不疑，好像失去了问"为什么"的能力。

当生活中遇到了一个新问题，如果我们没有探究力，就很难解决当下的问题。

暑假期间，你发现自己房间里的植物叶子开始变黄，甚至有的已经开始枯萎。你打算怎么做？

这个问题当下并没有一个明确的答案，因为导致植物叶子变黄和枯萎的原因有很多，可能是水分不足，光照不够，肥料过多或过少，土壤酸碱度不合适，病虫害侵袭等。你需要不断地观察、尝试和探究，才能找到问题的根源。

美国教育家莫提默·J.艾德勒曾经写过一本非常经典的书，叫作《如何阅读一本书》，书中写到"阅读有一部分的本质是不理解，但是我知道我不理解"。

结合自己的经历，将你对这句话的理解写一写。

理解是一个过程，而不是结果，因为敢于多问一些"为什么"，我们才能在学习和生活中找到更多的可能性。

你喜欢哪些类别的读物？

☐ 漫画　　　☐ 小说　　　☐ 散文　　　☐ 诗歌　　　☐ 绘本　　　☐ 杂志

☐ 历史传记　☐ 哲学　　　☐ 艺术

☐ 其他

你愿意主动尝试不同类别的读物吗？

☐ 愿意　　　　　　　☐ 不愿意

　　我们常常听到爸爸妈妈或者身边的伙伴说"这本书真的很好！不读很可惜！"就像是有一道美味珍馐，他们很想让你吃下去。食物有偏好，阅读也有偏好，但很多时候，你就是会"偏食"。

想一想，
你阅读"偏食"的原因有哪些?

☐ 我在某个领域里阅读很有成就感，不想转移焦点

☐ 对某些方面的内容完全没有兴趣

☐ 我不了解相关的领域，担心读起来难度很大

☐ 其他 _____

　　为了解决挑食的问题，我们会尝很多不同口味的食物，去发现更多好吃的食物或有趣的味道。阅读亦如此，试着保持开放的心态，去接纳不同类型的书籍。翻几页，读一读，你会有不一样的收获!

峰哥智慧锦囊

01 阅读的选择，就是生活的选择。

02 阅读的力量在于无形之中塑造我们的思想。

03 拿着旧地图，很难解决新问题。

04 在阅读中，我们可以找到自己的成长轨迹。

今日复盘

复盘不仅是为了找到错误，还是为了不再犯错

我今天学习了：

其中最重要的是：

我知道了：

我仍有疑惑的是：

我计划：

今日情绪监测表

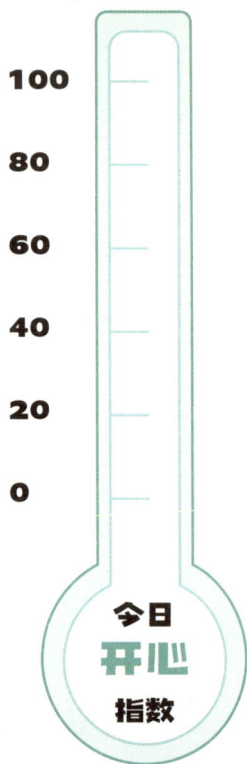

100
80
60
40
20
0

今日
开心
指数

让你满血复活的3句话

明日晨读

时间	科目	晨读内容	效果评估 （待明日完成后评估）

明日计划

按ABC分类	起止时间	今日事项，要事第一 重要程度：A类>B类>C类	执行细则	完成 打√

上午

下午

晚上

时间之书

掌控习惯，在时间的复利下迎来人生蜕变

Day3

关于时间复利的小故事

从前，有一个年轻人，他得到了一枚神奇的金币。这枚金币有一个特殊的能力，那就是每天的金币数都会自动倍增。但是，这个变化有一个条件，那就是它只能在晚上进行。年轻人非常兴奋，他期待着金币的倍增，但同时又有些心急。

他开始每天检查一次金币的数量。第一天晚上，他果然发现金币数增至两枚。第二天晚上，他迫不及待地检查，发现金币数增至四枚。他非常高兴，但同时又觉得增长的速度不够快。年轻人开始每天多次检查金币的数量，希望能更快地看到它的增长。然而，令他失望的是，无论他检查多少次，金币只在晚上才进行倍增。而且，每次他提前检查，都会打断金币的倍增过程，导致最终的数量并没有增加多少。

年轻人逐渐明白了一个道理：真正的增长和改变需要时间，也需要耐心。

一枚神奇的金币

每个人都拥有一笔巨大的财富
那就是时间

时间复利是将时间价值最大化的一种管理方法。在时间的复利下，哪怕再微小的改变，最终都能实现未来质的飞跃。

而真正的成功，往往都需要时间的沉淀和积累，这就是"时间复利"揭示的道理。

转变观念，让时间更高效

美国科学家
尼古拉·特斯拉曾说过：

坏消息是时间在飞速地流逝，好消息是你是掌握时间走向的驾驶员。

很多同学想要摆脱成绩落后的状况，可是他们没有从根本上改变时间价值观念，没有改变学习方式，最终只能一直陷在"怎么学都学不好"的困境里。

想象一下

假设你平时放学后拖地、洗碗，你的父母每周会给你200块零花钱。这天，爸爸告诉你："给你个好机会，只要你周末也负责拖地、洗碗，每个月月底就多给你500块的零花钱，这是加班费。"

500块啊！傻子才不要呢！于是你周末也开始拖地、洗碗。

那么,接下来会如何呢?最有可能的是,你在拿到第一笔500块以后,会思考一些以前没有想过的事情,因为你突然发现自己的时间可以换更多钱。

于是你会经历以下三个阶段的转变

第一阶段 态度转变

如果我主动收拾屋子,能不能得到更多钱?我周末的时间是不是更值钱?我可不可以给妹妹300块,让她负责周末的拖地、洗碗,这样我就能出去玩了。

我的时间是值钱的,有没有其他途径可以用时间换钱?让我的时间更值钱。

自我观念转变 第二阶段

第三阶段 制订计划

除了做家务外,学习进步能不能换钱?掌握技能能不能换钱?拿自己的旧玩具去卖能不能换钱?除了换钱,学习、减肥、练钢琴能不能用这个方法?

仅靠一腔热血
没办法赢在时间管理上

很多同学看到时间复利的价值，就感觉激情满满，发誓要大干一场！

"我一定要干个通宵，熬夜把暑假作业补完。"

沈小月

"等考试结束后再补觉好了，不能睡，再背一遍单词。"

杜菲菲

"虽然我很困，但阅读是我的长期任务，我必须再坚持看几页！"

李小涛

生活是一场马拉松，时间管理并不是时时冲刺，和冲刺相比，恢复自己的精力，让自己活力满满地迎接下一项任务同样重要。

找出自己的时间管理动机

在你开始攀登成功的阶梯前，首先要确定你的梯子有没有搭错地方。

——个人管理学家 斯蒂芬·珂维

• 没有动机是时间管理中最大的禁忌，动机越明确，便能在时间管理中做出越明智的决策。

刷手机?

玩游戏?

埋头苦学?

想一想，暑假期间的大部分时间，你更倾向于做什么?

当你下一次想做一件事的时候,不如先问问自己:我为什么要这样做?我到底有没有必要这样做?

将动机清单制订成计划

你要进行时间管理的最大动机是什么？和我一起找一找吧！

步骤	内容	举例
1	确认你想要的究竟是什么？	数学成绩从60分提升到90分。
2	将你的动机写下来。	空想是虚无缥缈的，写在纸上才看得见、摸得着。
3	为你的动机设置一个最后期限。	期末考试之前。
4	如何增强你的动机，也就是这么做是为了什么。	成绩提升后基础更好，上课也能听懂了，课堂跟得上，学习效率更高，甚至能给同学讲题，交到更多好朋友，好处多多。
5	整理动机清单，制订计划。	你需要简单想一下，要实现目标需要先做什么，后做什么？分解到每天，都需要做哪些？完成后有哪些奖励？

　　动机清单一旦被制订成计划，你会惊讶地发现，看似遥不可及的动机，其实完全可以拆解成一件件小事，而且并没有那么难完成。如果一旦开始，不要轻易停下来，这是你学习进步、收获美好未来的第一步。

时间管理实用小工具
——21天习惯养成计划

假期的时间很长，我们先从最简单的开始：选择一个或几个你想实现的目标，然后拆解到每一天，并给自己设置奖励，打卡完成后也让自己开心一下！

每完成一次
填色打卡

你要养成什么习惯？	开始日期	结束日期	奖励

1 2 3 4 5 6 7 8 9 10 11 12 13 14 15 16 17 18 19 20 21

化繁为简，让时间倍增

通过执行上述计划表，想必你已经意识到流程计划带来的巨大好处：你的每一天都会变得积极向上且有规律，你的心情也会在不断的获得感和奖励中变得愉悦。接下来，就是优化你的流程计划，让每天都变得更高效，好腾出时间做更有趣的事。

优化你的流程计划

步骤	内容	举例
1	习惯养成	每天写完作业后，顺便整理书本和文具，好让第二天快速进入学习状态
2	明确主次	哪个是最想实现的目标，安排在最高效的时间去做
3	评估效果	我今天的学习效果如何，自己是否满意，后续怎么调整
4	删除和委托	不一定要自己做的或者不必要的事情，委托别人去做。比如让父母帮忙买文具回来
5	妥善应对突发事件	必要的出门不要拒绝，第二天抽时间补上学习任务就行
6	网络诱惑	除了线上学习，尽量减少手机和电脑的使用频率
7	注意时段	晨间效率最高，午休必不可少，非特殊情况，不要熬夜赶任务，没有什么是必须熬夜做完的
8	争取支持	将你的清单分享给家长，请他们监督并且给予支持

峰哥智慧锦囊

01 学会管理时间，可以让我们在有限的时间里，创造出无限的可能。

02 贪图一时享乐而耽误了规划好的事情，这正是拖沓人生的写照。

03 不积跬步，无以至千里。零星的行为日积月累到一定程度，达到质变，会决定你人生的走向。

04 总有规划以外的事情，善待意外，然后和它相处。

今日复盘

复盘不仅是为了找到错误，还是为了不再犯错

我今天学习了：

其中最重要的是：

我知道了：

我仍有疑惑的是：

我计划：

今日情绪监测表

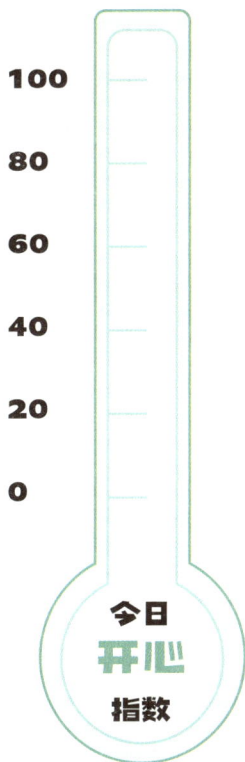

100
80
60
40
20
0

今日
开心
指数

3件美事

让你满血复活的3句话

明日晨读

时间	科目	晨读内容	效果评估 (待明日完成后评估)

明日计划

按ABC分类	起止时间	今日事项，要事第一 重要程度：A类>B类>C类	执行细则	完成 打✓

上午

下午

晚上

未来之书

发现自己的内在规划力，一步步预见成功

Day4

"你们平时学习时，都会预习吗？"

王老师

"平时的作业太多，我根本没有时间预习。"

沈小月

"我觉得上课听老师讲就够了，有预习的时间，还不如看一会儿课外书。"

李小涛

"有时候我会预习，但是效果不好。"

杜菲菲

预习是提高听课效率的重要方式。每个人的基础不同，预习产生的效果也不一样，这让很多同学对预习产生了误解。

预习是我们自主学习的开始，在预习中找到自己的问题，
听课时的效率会提高70%。

　　预习的目的不是学会新知识，而是熟悉要学习的知识，掌握它的内容结构。预习后，听老师讲解新知识时，我们就不会因为感到陌生而产生心理压力。同时，大部分同学很难在上课时百分百地集中精力，总会走神，而预习可以帮助我们走神后重新找到老师讲课的脉络。

预习时有哪些原则？

❶ 预习不一定要抓所有科目

　　原则上所有的科目都值得预习，但如果时间紧张，可以选择预习明天将要学的，且自己学起来比较吃力的科目。前期可以先试着挑选一些主科预习，有经验、有效果之后再扩大范围。

❷ 发现难以理解的知识点

　　预习新课的目的是与新知识"混个脸熟"，不是"彻底学会"。预习时，你一定会遇到让你觉得困难，甚至感到一头雾水的内容。这时不要沮丧，你要做的是总结最棘手的问题，上课时重点听这一部分的讲解。

❸ 限制时长专注预习

　　每天每门功课的预习时间不宜过长，在专注的状态下每天每门功课预习10～30分钟即可。当然也要根据自己的年级和学习情况来判断，比如小学一、二、三年级时，可以平均每天每科预习10～15分钟，上四、五、六年级时，由于各科课业量和难度有了一定提升，预习时间可以有所增加，但平均每天每科预习的时间最好不要超过半小时。

五种预习方法——让学习更高效

01 思维导图预习法

列出文章的重点、要点，以思维导图的形式呈现，让要学的内容层次分明、脉络清晰、观点突出，便于掌握章节大意和中心思想。这种方法的本质，就是列提纲。

○ **以预习语文课本中《猴王出世》一课为例。**

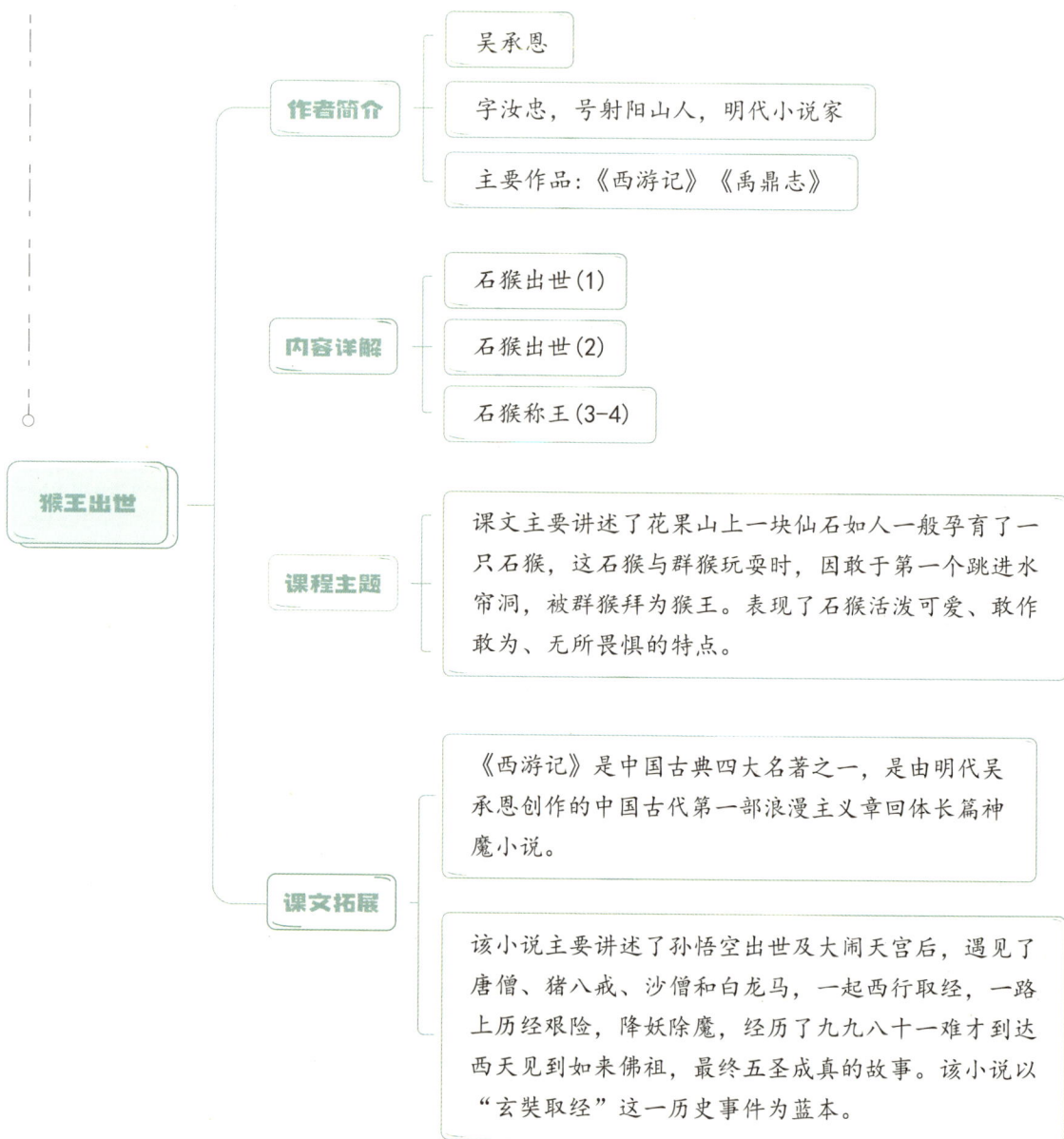

猴王出世

- **作者简介**
  - 吴承恩
  - 字汝忠，号射阳山人，明代小说家
  - 主要作品：《西游记》《禹鼎志》

- **内容详解**
  - 石猴出世(1)
  - 石猴出世(2)
  - 石猴称王(3-4)

- **课程主题**
  - 课文主要讲述了花果山上一块仙石如人一般孕育了一只石猴，这石猴与群猴玩耍时，因敢于第一个跳进水帘洞，被群猴拜为猴王。表现了石猴活泼可爱、敢作敢为、无所畏惧的特点。

- **课文拓展**
  - 《西游记》是中国古典四大名著之一，是由明代吴承恩创作的中国古代第一部浪漫主义章回体长篇神魔小说。
  - 该小说主要讲述了孙悟空出世及大闹天宫后，遇见了唐僧、猪八戒、沙僧和白龙马，一起西行取经，一路上历经艰险，降妖除魔，经历了九九八十一难才到达西天见到如来佛祖，最终五圣成真的故事。该小说以"玄奘取经"这一历史事件为蓝本。

请根据自己的年级，选择语文、历史或其他你感兴趣的科目，用思维导图预习法，写下一篇预习的内容吧！

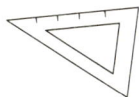

阅读课文时找到重点、难点,并用一套符号圈点勾画字、词、句、段。尽量做到眼到、手到、心到,使读、记、想三个环节有机地结合起来。

小tips:

① 每个人的习惯不同,可以根据个人的使用习惯,选择喜欢的标注方式。但切记不要使用过于复杂的标注符号。

② 选择了标注方式后,要经常使用,不要随意变动。

③ 如果用不同颜色标注,最好不要超过3种颜色。

④ 如果使用贴纸标注,那么内容要简短精练。

常见的标注符号

● 圆点标注
生字或生词

△ 三角形标注
关键词语或知识点

? 问号标注
不懂的地方

①②③ 序号标注
自然段或顺序

～ 波浪线标注
重点词句或重要概念

请根据自己的年级，选择语文、历史或其他你感兴趣的科目，用符号圈点预习法,写下一篇预习的内容吧!

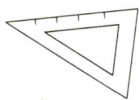

通读单元前言

浏览目录

对重点内容
做好摘录

依据自己预习的内容,
给自己提问题

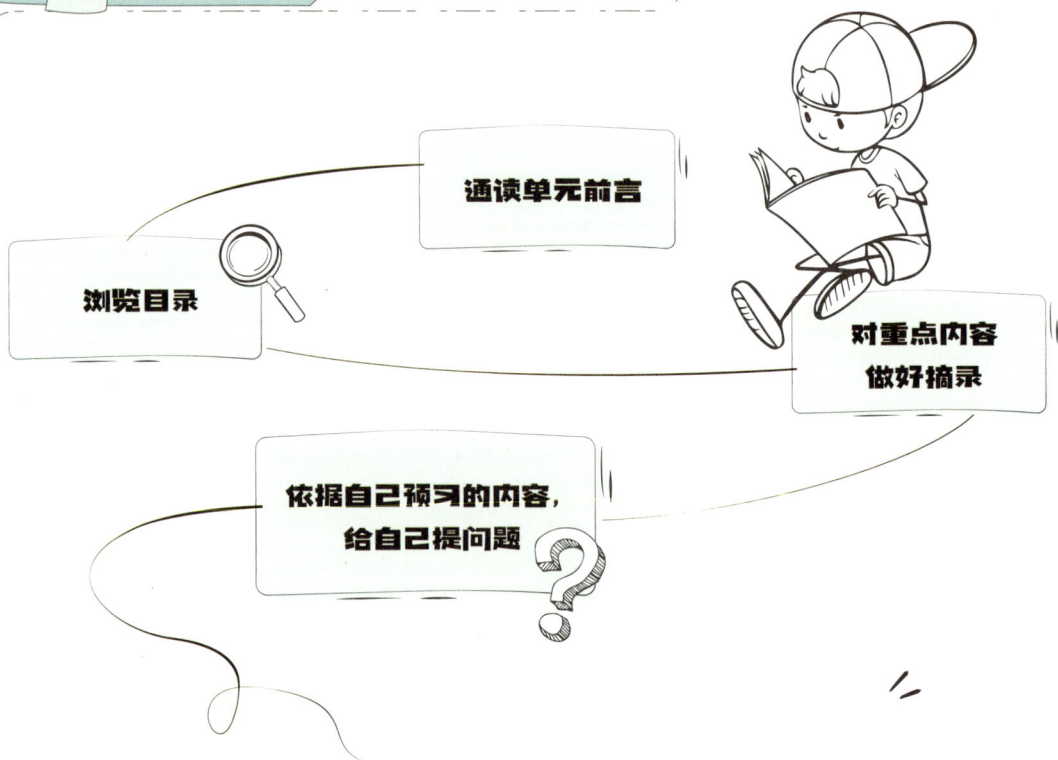

预习课文时我们要明确这篇课文讲述的是何时、何地、何人发生了什么事,为何发生的,最后困难是如何解决的,结果是什么,有什么重大影响等问题。同时还可以结合便签预习法写下来。

预习便签不是听课笔记,不必保存,
听完课、打完钩后就可以撕下来扔掉了。

○ 时间:_____

○ 地点:_____

○ 人物:_____

○ 主要事件:_____

_____

通过查阅工具书、相关资料以及请教他人等方式扫除学习障碍。在进行课前预习时,应该认真阅读课本,找到问题后不仅要标上记号,而且要努力分区和解决。对于一般的问题,在预习中能自己思考解决的应自行解决。

数理化的特点是知识的连续性特别强,预习时发现学过的概念有不清楚的,一定要课前搞清楚,扫除障碍。而且数理化课程采用集中时间进行阶段预习和学期预习,学习效果会更好一些。

所以暑假是预习数理化很好的时间段哦!

1.

阅读课文

2.

亲自推导公式

把自己推导的公式和书上的相对照,书上没有推导公式,就在课堂上和老师的推导公式相对照,从中发现自己推导出错的地方。

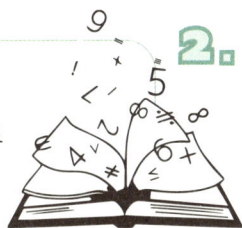

3.

扫除障碍 → 汇集定理、定律、公式、常数等

单独汇集,加深印象。

4.

试做练习

检查预习效果。

绘制表格,列出文章的重要组成部分、主要条目、关键问题的解决方法。通过这样的做法找出新课内容的重点、难点和疑难问题。表格预习法可用于单元预习、单节预习、某课预习。

下面是一张空白的语文预习表,根据自己下学期要学习的一篇课文,试着填写一下吧!

语文预习表

| 预习日期 | 年　月　日 | 预习课题 | |

一、预习生字(拼音)

二、预习生词

三、预习句子(造句)

四、预习内容

我已经把课文朗读了( )遍,已圈出不会的字、词和不理解的句子。	√
本课可以分为( )自然段,我已在书上标注。	√
我已经把生字、词都填写到预习卡上并读熟。	√
我已经把重点句子填写到预习卡上。	√

峰哥智慧锦囊

01 认真预习，以不变应万变。

02 预习不仅仅是一种好的学习习惯，更是一种优秀的生活习惯。

03 有预习的学习是主动学习，没有预习的学习是被动学习。

04 好的预习方法，绝对可以让学习效率事半功倍。

今日复盘

复盘不仅是为了找到错误，还是为了不再犯错

我今天学习了：

其中最重要的是：

我知道了：

我仍有疑惑的是：

我计划：

今日情绪监测表

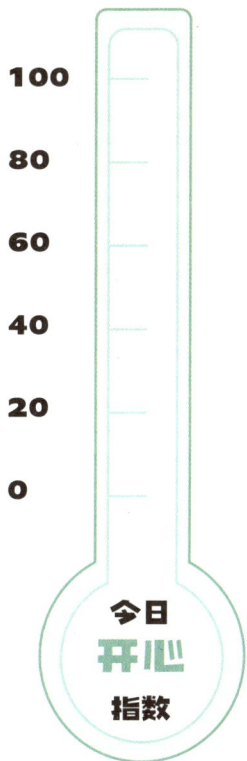

100

80

60

40

20

0

今日
开心
指数

3件美事

让你满血复活的3句话

明日晨读

时间	科目	晨读内容	效果评估 （待明日完成后评估）

明日计划

按ABC分类	起止时间	今日事项，要事第一 重要程度：A类>B类>C类	执行细则	完成 打✓

上午

下午

晚上

取舍之书

不怕读得少, 只怕记不牢

Day5

这些记忆力不好的苦，你吃过吗？

英国哲学家培根说："一切知识不过是记忆，记忆是一切智力活动的基础。"

对学生来说，准确地记住大量的公式、定理，考试的时候才可能应用自如。遗憾的是，对大多数人来说，记得慢、忘得快、容易混淆才是学习的常态。

语文

同样是背课文，学神5分钟就可以背诵了，学霸15分钟也能滚瓜烂熟，但一个早读过去了，你还是背得磕磕绊绊。

数学

同样是学习数学，同桌已经做完了课后题，你还在和公式、定理作斗争：这是啥？这又是啥？为什么这俩一起，又成了那个？那个又是啥？

英语

同样是学英语，同桌已经记完单词，到了情景对话的阶段，你依然是背了前面忘后面，看课文宛如破译密码。

为什么要谈记忆?

记忆是学习的前提

任何学习能力都建立在记忆的基础之上。你的"大脑仓库"里首先得有这些东西,然后才谈得上应用。

记忆是可以锻炼的

人脑并没有"记性差"这一说,记不住并不是你的记忆能力不行,而是记忆方法不对。

工欲善其事,必先利其器。想要记得多、记得久、记得轻松,用死记硬背的方法是办不到的。

在与一些学霸沟通后,我发现他们并非都是天才,只不过更善于摸索,能够研究出适合自己的记忆方法。

向自己要记忆：
认识记忆力，身心做准备

也许你很羡慕班里的同学，因为他们记忆力超强，甚至过目不忘，你就做不到。但事实上，记得牢不牢、记得快不快并不是衡量记忆力好坏的唯一标准哦！

衡量记忆力的4个标准

标准	解释
敏捷性（记忆速度）	单位时间内能记住多少知识
持久性（记忆时间）	能记多久不忘，通常越感兴趣的东西，越不容易遗忘
正确性（记忆误差）	记忆的正确性，与原本的内容误差越小越好
备用性（运用程度）	是否能随时提取和调用，是否能灵活运用

记忆的目的是什么？说到底，就是学以致用。对同学们而言，除了挑战自己的记忆极限外，最重要的就是帮助你在考试中解题、得分，以及解决日常生活中的问题，这才是我们学习的终极目的。

测一测你的记忆力的敏捷性

对记忆而言，记得快、记得久、记得对、灵活运用都很重要。我们不妨一起做个小游戏，测试一下你的记忆力到底如何，够不够快。

游戏建议：
最好是两三个人一起做，大家一起写要记的词语，然后看看每个人的记忆力的敏捷性如何。可以和朋友，也可以和爸爸妈妈一起做。

游戏方法：

拿出纸笔，在纸上随意写一些词语，比如书本、大海、飞鸟、太阳灯、学习、红花、蓝天、黑板、牙签、鼠标、空调、置物架……用心看一遍后，再尝试复述这些词语，能复述出来的越多，说明你的记忆力的敏捷性越好哦！

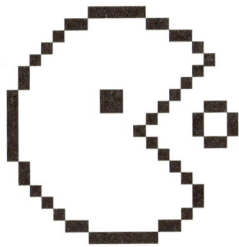

结果说明：

能复述10个以上，代表你记忆力的敏捷性非常优秀，你在记忆方面很有天赋。

能复述8个以上，代表你记忆力的敏捷性很不错，你平时背课文一定毫无压力。

能复述5个以上，代表你记忆力的敏捷性有很大的提升空间，接下来的学习，你极有可能收获满满哟！

了解自己的记忆类型

在记忆方面,不同的人擅长的记忆方式也不同。有的人善于用耳朵听,有的人善于记忆动作……

如果你在记忆方面屡屡碰壁,可能与不了解自己的记忆类型有关。

四种记忆类型

类型	释义	人群	记忆方法
视觉型	场景化记忆,对颜色、形状、位置等印象深刻	画家、美术工作者	做颜色、形状标记
听觉型	对节奏、旋律敏感,尤其是英文歌	音乐工作者	听磁带和录音、大声朗读
运动型	通过动作记忆	体育健将、运动员、拳击手	用手比划、边记边写
混合型	多种记忆类型综合	–	–

对于记忆类型,也许你擅长的是其中一种,也许是好几种。如果你不了解,不妨多管齐下:不止用眼睛看,还可以用嘴读、用耳朵听、用手写,等等,这样记忆会更加立体和多维,也能记得更快、更牢!

好记性是如何炼成的?

根据年龄阶段改变记忆方法

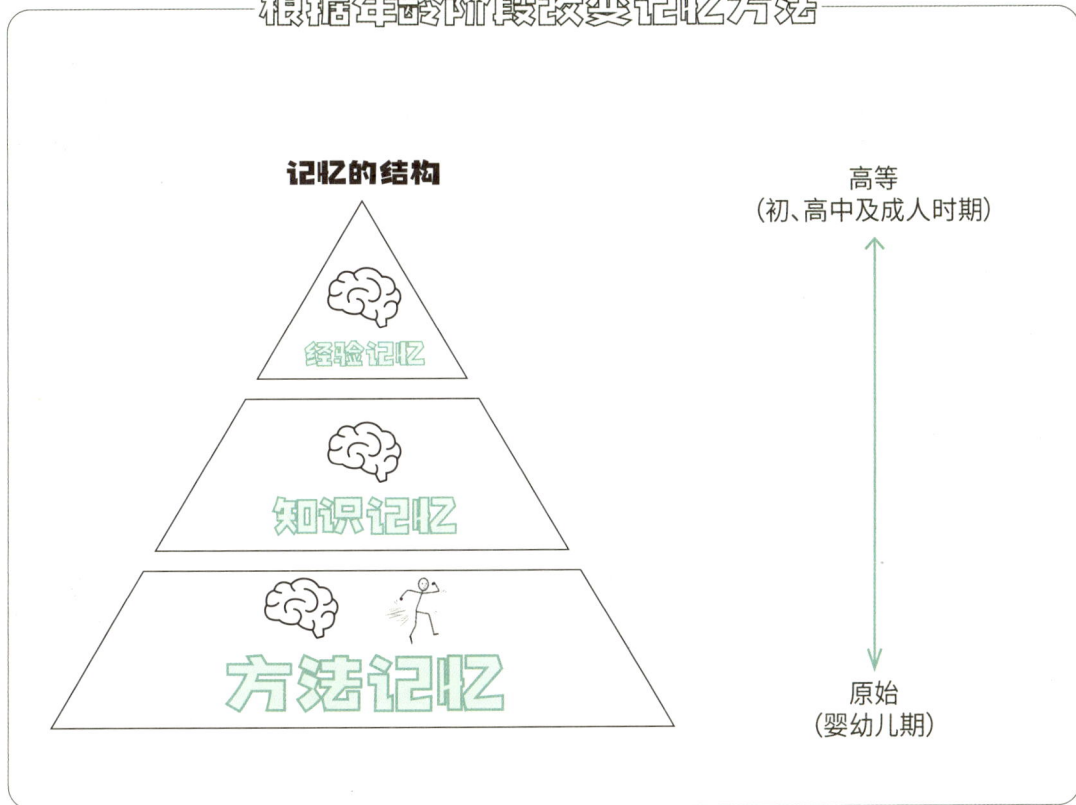

记忆的结构

方法记忆

知识记忆

经验记忆

高等
（初、高中及成人时期）

原始
（婴幼儿期）

　　在人类的成长过程中，随着婴儿逐渐成长为大人，人类最早开始形成的是原始的方法记忆，接下来是知识记忆，最后才是经验记忆。记忆的类型会随着年龄的增长而发生变化。也就是说，每个年龄段都有该年龄段所擅长的记忆类型。所以我们在学习时最好选择与这个年龄段相匹配的记忆方法。

　　比如小学到初中前半段，我们的知识记忆比较发达，只要把考试范围内的知识点"死记硬背"下来，就可以应对考试了。但是初中后半段到高中，如果不重视经验记忆，学习起来就会特别吃力。

王老师

"举个例子，你们怎么记忆'candle'这个单词？"

"c-a-n-d-l-e...c-a-n-d-l-e..."

沈小月

杜菲菲

"我想到两种方法，一种可以利用'谐音记忆法'，'candle'与'看到'谐音，意思是蜡烛；另一种是听觉记忆，也就是可以大声读出来加深记忆。"

"读出来后还可以利用费曼输出法，讲给别人听。甚至可以运用'联想法'，比如在一个漆黑的房间里，点上一根蜡烛，就能看见了。"

李小涛

王老师

"大家说得非常好，小月应用的'知识记忆法'使用得最普遍，菲菲和小涛提到的'谐音记忆法'和'联想法'都是根据以往的经验来记忆，也就是今天学到的'经验记忆法'，再调动起手、眼、耳、嘴等器官，可以充分刺激大脑中负责短时记忆的海马体，就可以记得很快啦！"

"经验记忆也只是短期记忆，如果想长期记住一个知识点，该怎么办呢？"

沈小月

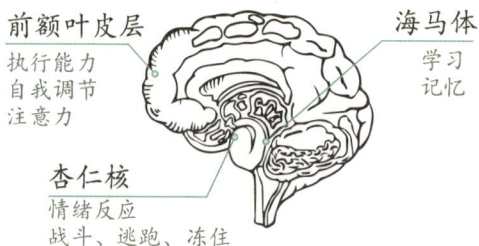

前额叶皮层
执行能力
自我调节
注意力

海马体
学习
记忆

杏仁核
情绪反应
战斗、逃跑、冻住

大脑学习中心
边缘系统

向复习要记忆：多加巩固，不急于求成

书读百遍，其义自见。不断地复习是巩固所学、形成长期记忆最好的办法。如何通过复习更好地进行记忆呢？有以下5种方法：

回忆记忆法：让知识"过电影"。闭上眼，在头脑中回忆所学的知识，如果遇到卡壳的地方，要记得翻开书本，补全记忆漏洞。

强化记忆法：不断重复、重复、再重复，直到记住。甚至在记住之后多记几遍继续强化，每隔一段时间安排一次小复习或者大复习。

头尾记忆法：把记不住的知识放到最前面或者最后面来记，这两部分往往记得最牢（比如背诵三年级的单词，很多同学对第一个词*pen*和最后一个词*deer*就会记得很牢）。

意义记忆法：赋予要记的东西意义，更容易记住。比如8月3日不好记，但是建军节后的第二天就很容易记住了。

情绪记忆法：当你感到快乐或感动时，你的大脑中有一个叫杏仁核的部位会受到情绪的影响，如果这时趁热打铁记东西，效果将更好。

练一练

你还能想到哪些意义记忆法的例子呢？一起来发散下吧！比如"23581321"这一组数字如何记忆？

除了2和3，后面的数字都是前面两个数字的和，所以记住2和3就行了。

记忆力实用小工具：
艾宾浩斯遗忘曲线

德国心理学家艾宾浩斯通过研究发现，记忆一定量的东西，随着时间的延长，记住的内容会越来越少，但在20分钟、1小时、1天这三个时间段里忘记得最快，因此要在24小时内进行复习，最晚不要超过2天，后续复习的间隔时间就可以逐渐延长，但知识依然可以"记忆犹新"。

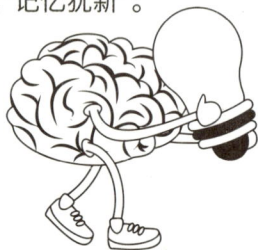

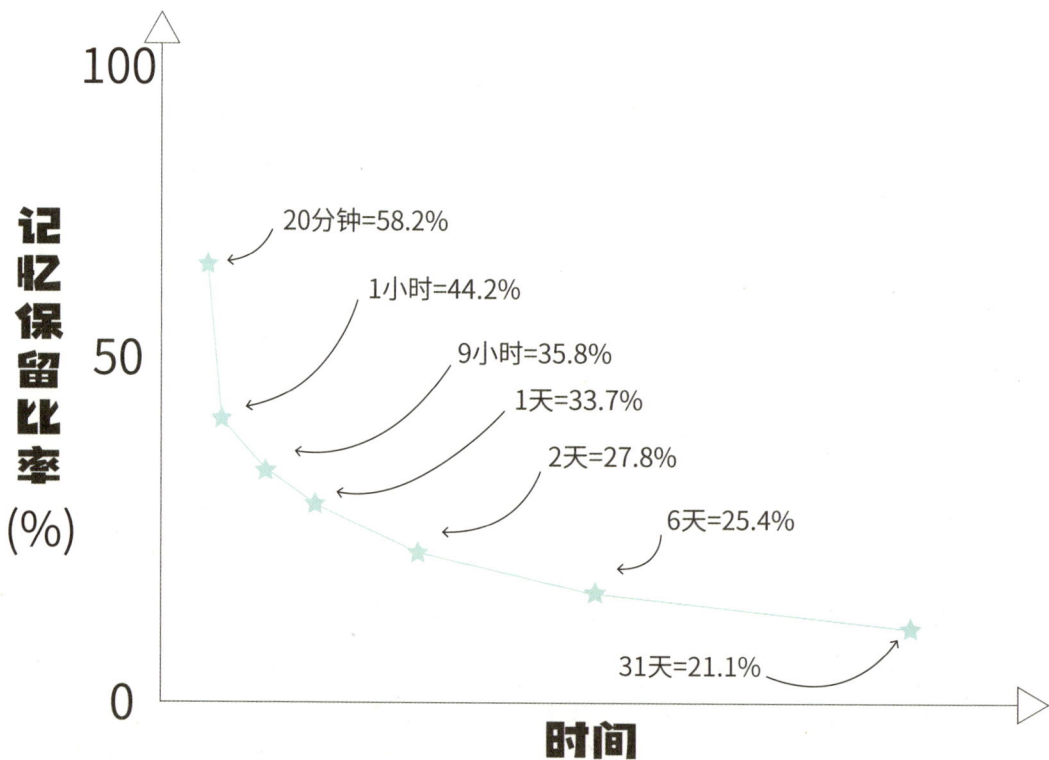

记忆保留比率（%）

100

50

0

20分钟=58.2%

1小时=44.2%

9小时=35.8%

1天=33.7%

2天=27.8%

6天=25.4%

31天=21.1%

时间

接下来，请根据艾宾浩斯遗忘曲线，并参考下面的表格，试着安排一下自己暑假21天的复习任务吧！

注：在表格中，相同的数字表示相同的内容哦！

暑假21天复习计划表

序号	学习日期	学习内容	长期记忆复习周期					
			20分钟/1小时	1天	2天	7天	15天	1月
1	7月16日	语文：古诗词2首	1	–	–	–	–	–
2	7月17日	英语：单词和短语各10个	2	1	–	–	–	–
3	7月18日	化学：化学反应方程式2个	3	2	1	–	–	–
4	7月19日	历史：重要事件3个	4	3	2	–	–	–
5	7月20日	生物：重点实验类型题3个	5	4	3	–	–	–
6	7月21日	地理：2个重要地区的地理位置、气候特征	6	5	4	–	–	–
7	7月22日	语文：文言文1篇	7	6	5	–	–	–
8	7月23日	英语：听力训练1篇	8	7	6	1	–	–
9	7月24日	化学：化学反应方程式3个	9	8	7	2	–	–
10	7月25日	历史：重要事件3个	10	9	8	3	–	–
11	7月26日	地理：2个重要地区的地理位置、气候特征	11	10	9	4	–	–
12	7月27日	语文：古诗词2首	12	11	10	5	–	–
13	7月28日	英语：单词和短语各10个	13	12	11	6	–	–
14	7月29日	化学：化学反应方程式3个	14	13	12	7	–	–
15	7月30日	历史：重要事件3个	15	14	13	8	–	–
16	7月31日	地理：2个重要地区的地理位置、气候特征	16	15	14	9	1	–
17	8月1日	语文：现代文中的优美句子和段落	17	16	15	10	2	–
18	8月2日	英语：单词和短语各10个	18	17	16	11	3	–
19	8月3日	历史：重要事件3个	19	18	17	12	4	–
20	8月4日	化学：化学反应方程式3个	20	19	18	13	5	–
21	8月5日	地理：2个重要地区的地理位置、气候特征	21	20	19	14	6	–

_____ 复习计划表

序号	学习日期	学习内容	长期记忆复习周期					
			20分钟/1小时	1天	2天	7天	15天	1月
1	月　日		1	—	—	—	—	—
2	月　日		2	1	—	—	—	—
3	月　日		3	2	1	—	—	—
4	月　日		4	3	2	—	—	—
5	月　日		5	4	3	—	—	—
6	月　日		6	5	4	—	—	—
7	月　日		7	6	5	—	—	—
8	月　日		8	7	6	1	—	—
9	月　日		9	8	7	2	—	—
10	月　日		10	9	8	3	—	—
11	月　日		11	10	9	4	—	—
12	月　日		12	11	10	5	—	—
13	月　日		13	12	11	6	—	—
14	月　日		14	13	12	7	—	—
15	月　日		15	14	13	8	—	—
16	月　日		16	15	14	9	1	—
17	月　日		17	16	15	10	2	—
18	月　日		18	17	16	11	3	—
19	月　日		19	18	17	12	4	—
20	月　日		20	19	18	13	5	—
21	月　日		21	20	19	14	6	—

01 永远不要对自己的记忆力丧失信心，只要积极地去记忆，你的记忆力就会提高。

02 你越感兴趣的知识，就越容易记住它。

03 通过听、说、读、写多维度的记忆，比单一维度记得更快、更牢固。

04 不断地复习是记牢的关键，请务必重复、重复、再重复。

今日复盘

复盘不仅是为了找到错误，还是为了不再犯错

我今天学习了：

其中最重要的是：

我知道了：

我仍有疑惑的是：

我计划：

今日情绪监测表

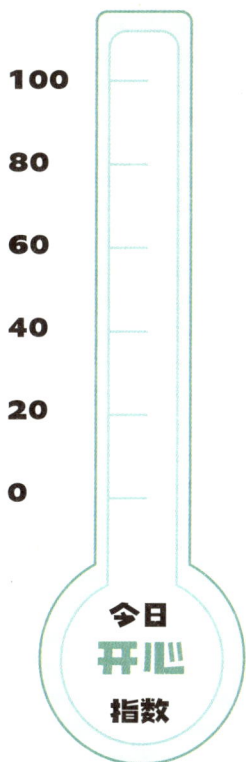

100
80
60
40
20
0

今日
开心
指数

3件美事

让你满血复活的3句话

明日晨读

时间	科目	晨读内容	效果评估 （待明日完成后评估）

明日计划

按ABC分类	起止时间	今日事项，要事第一 重要程度：A类>B类>C类	执行细则	完成 打 √

上午

下午

晚上

进阶之书

告别无效重复，不在同一个地方跌倒两次

Day6

这样的"粗心"，你有过吗?

"在订正错题的时候，很多同学把做错的原因归结为'粗心'，回想一下，你们有没有过类似的想法？"

王老师

"有时候我会想：这道题我其实会做，只是粗心才做错了。"

沈小月

"我会说：这道题是用错了公式，实际上我会，不用整理。"

李小涛

"我会说：有些题目看错了，没仔细审题。"

杜菲菲

殊不知，正是这种"做错题是因为粗心"的态度，让我们在学习的道路上屡屡受阻。而且这样的借口并不能帮助我们真正解决问题，反而可能让我们陷入一种错误的认识，认为只要"细心一点"就能解决所有问题。但实际上，真正的问题可能远比我们想象的要复杂得多。

最好的教辅资料 —— 是我们的错题本

几乎每个同学都听老师说过类似的话:

"做错不要紧,只要你能做到每种错误只犯一次,你就是高手中的高手。"

但其实这非常难。难到即使你当下对错题有了足够深入的理解,也依然不够,因为人是会遗忘的。

而错题本是个很好的工具,它的作用在于:

1 精准定位问题:

清楚地知道自己在哪些知识点上存在问题。

2 加深理解:

通过反复查看错题本,可以逐渐掌握正确的解题思路和方法,从而提高解题能力。

3 提高效率:

避免在复习时重复做已经掌握的题目,从而节省时间和精力。

4 培养习惯:

及时整理错题、定期回顾和总结等。这些习惯不仅有助于提高我们的学习成绩,还可以培养我们的自我管理能力。

做错题目的原因及对策

整理错题有两个很关键的要素:一是知道做错题目的原因;二是有针对性地思考对策。这里不需要花费太多时间,可以根据下表对号入座。

错题原因及对策表

序号	错因	对策
1	知识漏洞,确实不会做	对策1
2	审题错误,理解错了题目问什么	对策2
3	误认为是熟悉题型,忽略了陷阱,想当然地解题	对策2
4	做题时注意力不集中,思路被干扰,最终答案错了	对策3
5	做题时太紧张而发挥失常,本来会做的也错了	对策4
6	会做,过程也没问题,但写答案时笔误导致丢分	对策5
7	填错答题卡	对策5
8	其他错因	对策6

根据错因，攻坚错题

对策1：知识疏漏型

这个是最常见的问题，能让我们知道哪些知识没有掌握，比如有可能是公式、定理没理解，也有可能是知识点没记牢。

解决方法：

确认对应的知识漏洞，立即翻开课本，找到对应的知识点，耐心仔细地再学一遍。如果发现搞不懂，就去求教老师或同学；如果发现没记牢，就再记一遍，然后去做练习题。

对策2：审题错误型

这种主要是心态问题，心浮气躁，正好跳进了出题者设置的陷阱。

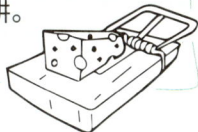

解决方法：

用红笔把误读或漏读的信息标记出来，并在旁边标注审题错误类型（比如英语时态的变化、数学计量单位的统一等），后续复习时要尤为注意。

对策3：做题分心型

专注力不够，做题时开小差，明明会做的题却出错丢分。

解决方法：

需要专门锻炼专注力，可以用番茄钟工作法进行刻意训练；也可以尝试到嘈杂的环境中学习，进行刻意训练。

对策4：紧张出错型

多出现在考试中，越是大考越容易紧张。

解决方法：

专注于眼前的题目，而非其他。再难的试卷，也有简单的题目，先保证会做的全对，有剩余时间再攻克有难度的题目。

对策5：笔误/答题卡填错型

解决方法：

耐心检查核对，不要出现笔误或者填错答题卡这种低级错误。

对策6：其他错误

解决方法：

及时复盘并加以改正。

年级不同，整理方式不同

小学生

1. 每道错题都收集。无论是平时作业、随堂练习的错题，还是大小考试的错题，都要收集，整理方式可以参考下文的卡片整理法。

2. 留出专门整理错题的时间。可以每天一次，放在写完作业后；也可以每周一次，放在周五。

3. 每次考试前都要记得回顾错题集。

中学生

1. 对错题进行归纳，对频繁做错的题进行整理，并分析错误的原因，包括平时作业、随堂练习、大小考试，整理方式可以参考下文的卡片整理法。

2. 可以集中某个时间整理，比如每周五整理，也可以利用零碎时间整理。

3. 利用零碎时间复习，考试前进行整体复习。

错题整理工具——"卡片整理法"

卡片整理法一共分为四步:

收集

处理

分级

复习

收集

这一步的目的是确定哪些错题需要整理。这就需要对科目先分类:理科类的学科更适合做错题卡/本,尤其是公式、定理类的计算题;文科类的学科视情况而定;英文的语法和固定搭配等也比较适合,但题目太长的记忆类题目不用全部抄写下来。

处理

小学生(正面)

错题题干	题目来源
	XX试卷第X页

小学生（反面）

答案

中学生（正面）

错题题干	题目来源	错因	涉及的知识点
	xx试卷第x页	审题错误	

中学生（反面）

答案

分级

准备一个有5个分层以上的文件夹，我们选择其中的5层，分别标上1、2、3、4、5。将整理好的错题卡片统一放在第一层，这样错题整理的第一步就完成了。

复习

在前面的步骤中，我们为错题设定了5级闯关进阶游戏。接下来，就要在选好的固定时间里，对错题进行"打怪升级"了。

游戏规则：

A. 每一级的错题只有在被完整地解答并且答案完全正确的前提下，才能进入下一级(放到下一个文件夹中)，否则只能停留在当前的等级，等待下一次闯关。

B. 错题完整闯过5关(也就是至少做对过5次)后，就可以"逃出生天"，进入下一级关卡。

C. 每天规划5个10分钟，复习对应关卡的错题，比如早上6:00~6:10复习第5关，6:10~6:20复习第4关，等等。根据错题的多少，时间可以延长或者缩短。

D. 如果没有解答出来，不管什么原因，都算闯关失败，你需要根据答案索引重新复习一次。

错题答疑站

杜菲菲

"有好几门学科的错题，该怎么整理呢？"

"可以每个科目分别准备一个文件夹，也可以把所有学科放到一个文件夹，因为复习很随机，学习也会更加有趣味性。"

王老师

沈小月

"闯完五关真的可以扔掉吗？为什么呢？"

"可以的。闯完五关，说明这道错题你在不同的时间内做对过5次，意味着你已经掌握了它；如果没有掌握，在后续其他类似的题目上你还会犯同样的错误，到时候再巩固一次。"

王老师

李小涛

"为什么要扔掉这些整理的卡片呢？留着不好吗？"

"整理错题本是方法，掌握知识点并且会做题才是目的。通过这样的方法，我们的错题本里面永远是自己没掌握牢固的知识，而且还有多少需要复习的内容也能一目了然。只要你勤加复习，你的错题本会越来越薄，这样你也会越来越有成就感。"

王老师

峰哥智慧锦囊

01 错题整理，让错误成为成功的催化剂。

02 善于总结，在回顾过去错误的同时，你会收获未来。

03 别让错题成为你的绊脚石，要让它们成为你的阶梯。

04 常常总结自己的人，是最有希望收获胜利的人。

今日复盘

复盘不仅是为了找到错误，还是为了不再犯错

我今天学习了：

其中最重要的是：

我知道了：

我仍有疑惑的是：

我计划：

今日情绪监测表

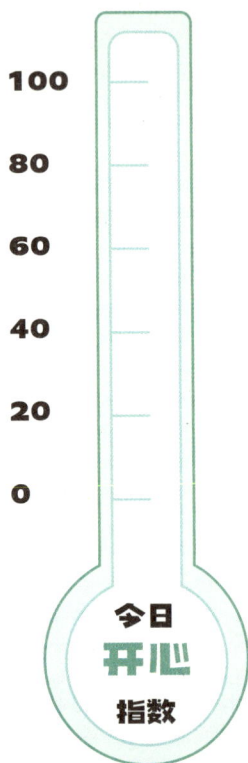

100
80
60
40
20
0

今日
开心
指数

3件美事

让你满血复活的3句话

明日晨读

时间	科目	晨读内容	效果评估 （待明日完成后评估）

明日计划

按ABC分类	起止时间	今日事项，要事第一 重要程度：A类>B类>C类	执行细则	完成 打√

上午

下午

晚上

行而有思

以脚步丈量世界，以阅历丰富人生

Day7

你有没有过印象深刻的旅行?

诗仙李白道:

"五岳寻仙不辞远,一生好入名山游。"

受年龄所限,我们虽谈不上行万里路,但印象深刻的旅行,都是一定经历过的。

"去年暑假,爸爸给我报了草原沙漠游学营,我真的感受到了'大漠孤烟直,长河落日圆'的壮阔景象。"

沈小月

"我和我爸爬过泰山,泰山的巍峨,真的就像诗里面写的'峨峨东岳高,秀极冲青天'。"

李小涛

"我喜欢去各地的自然博物馆参观,每次参观完,我都会不自觉地想起一句话:'演化的脚步不会停息,生命远比人类更广阔,人类将走向何方,取决于我们如何与生命相处!'每每想起这句话,我都会不自觉地充满力量。"

杜菲菲

旅行的意义在哪里？

每个人都可以根据自己的时间、预算，选择自己喜欢的旅行方式。

旅行是所有人的权利

我们可以跳脱出熟悉的环境，暂时摆脱舒适圈，去探索未知的环境，并在陌生环境中寻找到乐趣。

旅行是一种积极的生活方式

旅行是看尽万象的眼睛，是普通人拓宽视野、体察生活的一种方式。

旅行是现代人踏遍千山的脚步

旅行离不开思索。在行驶的飞机、轮船或者火车上，我们的大脑很容易暂时跳出当下的生活，去思考平时不会思考的问题。旅途中壮观的景色也更容易激发全新的观点。

订计划，做旅行的主人翁

🌴 很小的时候，父母就会带着我们去旅行。从一开始的小区楼下、田间地头，到后来的名山大川、异国他乡。而这些旅行的计划，通常都是由父母来做，我们只是跟着吃吃玩玩。

那么这次，我们不妨也参与制订旅行计划，看看一次好玩的旅行，都要做哪些准备工作吧！

DO IT: 制订愿望清单

和父母讨论最基本的信息，诸如几个人去，去哪个城市，以及交通工具、时间和旅行路线、计划打卡的景点和美食，等等。

比如这个暑假，你们全家准备去一次西安，你可以这样写下愿望清单：

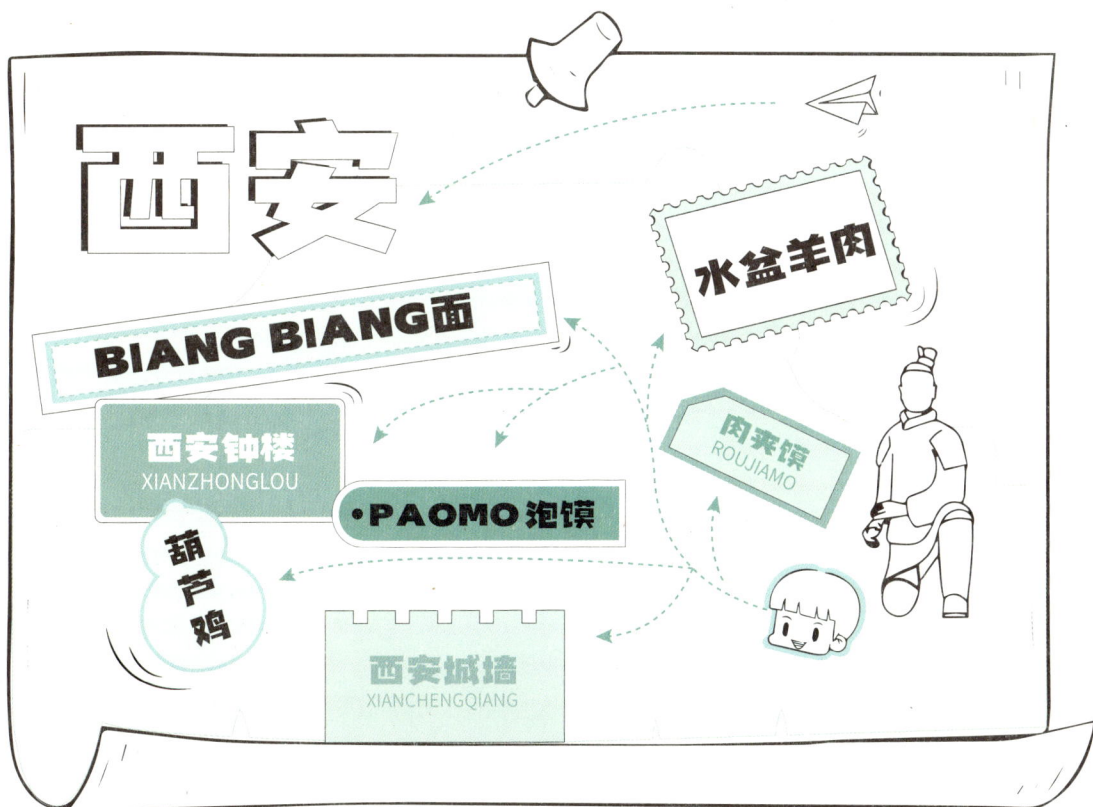

西安

BIANG BIANG面

水盆羊肉

西安钟楼
XIANZHONGLOU

•PAOMO 泡馍

肉夹馍
ROUJIAMO

葫芦鸡

西安城墙
XIANCHENGQIANG

制订行程规划表

可以根据基本信息大致计算旅行预算，以及需要携带的物品等。参考手机地图APP，以及计划打卡的美食、景点等，安排具体的行程。

XX城市行程规划

行程基本信息			行程预算规划	
日期			类型	金额
路线	（出发城市-旅行城市-出发城市）		食	
打卡项目	打卡景点		住	
	打卡美食		行	
购物项目	（规划购买的特产和礼物）		购	
必备物品	证件类		娱	
	数码类		杂	
	其他类		总计	

行程具体安排

Day1　　日期：　月　日　　　　具体路线：

时间	事件	地点	出行方式	预计耗时	类型	金额（元）
9:15	家-福州站	福州站	地铁	1小时	行	21

如果你不想使用纸质旅行计划和地图，也可以找一些行程管理类的APP，规划好后直接在APP上面填写记录，方便后续查阅。

带着思考去旅行

旅行不是简单的观光,它的本质其实是相遇:从和陌生人的相遇,到和一个有全新体验的自己相遇。如果把旅行不仅仅当成"打卡",而是静静感受、沉浸其中,你的旅行会有趣很多。

比如,当你到了西安,站在有2000多年历史的8000多座兵马俑面前,你会产生怎样的想法?

· 栩栩如生的兵马俑是怎样被制造出来的? 为何能保存数千年?

· 每一个不一样的面孔,都对应了真实存在的人吗?

· 这些人又有怎样的故事?

当你看到 ＿＿＿＿＿＿＿＿ , 你感受到了什么?

观世界后有世界观

当你旅行到了一个城市,你会真切地感受到当地的风貌和风情,还有专属于你的故事和体验,而不仅仅是停留在地图上。

旅行快要结束时,不如将旅行中的照片、故事、感受,按照你的记忆串联起来,整理成游记的形式吧!之后,你每次看到这篇游记,都会回忆起这次经历,并感受到它带给你的变化。

1 挑选照片并排序

打开你的相册,挑选出你认为不错的照片。

2 为每张照片写简单的解释

拍这张照片时发生了什么?遇到了什么人?当时你在想什么?

3 开头说目的, 结尾列心得

开头简单写清楚出行原因,以及出发时都发生了什么。结尾简单总结本次行程,可以是旅游心得,也可以是注意事项,随意发挥就好。

根据上述的方法, 试着写一篇暑假的游记吧!

峰哥智慧锦囊

01 一个为求得真知而进行的旅程，远比一个走马观花之旅要受益良多。

02 重要的不是去哪里旅行，而是和谁一起去。

03 身体和灵魂，总要有一个在路上。

04 读书是一个人踏上的旅程，旅行是独自开始的阅读。

05 要么去读书，要么在路上。

今日复盘

复盘不仅是为了找到错误，还是为了不再犯错

我今天学习了：

其中最重要的是：

我知道了：

我仍有疑惑的是：

我计划：

今日情绪监测表

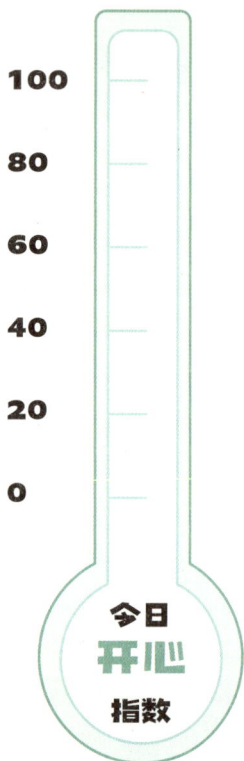

100
80
60
40
20
0

今日
开心
指数

3件美事

让你满血复活的3句话

明日晨读

时间	科目	晨读内容	效果评估 (待明日完成后评估)

明日计划

按ABC分类	起止时间	今日事项，要事第一 重要程度：A类>B类>C类	执行细则	完成 打√

上午

下午

晚上

行稳致远

在生活中修行，在家务中成长

Day8

你怎么看待家务问题?

"偶尔做做家务挺好的,有时候写作业写累了,就打扫一下屋子,我的大脑会更放松,再进入学习状态时会更高效。"

杜菲菲

"爸妈总强迫我做家务,我还要做别的事,哪有时间做家务啊?"

李小涛

"时间总是能挤出来的。有些家务很有趣,比如浇花、收拾桌子和柜子,做完这些家务,我的心情会不自觉地变好。"

沈小月

"'纸上得来终觉浅,绝知此事要躬行。'将课本中学到的知识融入到实践中,身体力行,才是更有效的学习。小月刚刚提到的家务活动中,浇花可以观察植物的生长过程;收拾桌子、柜子,可以锻炼自己的空间思维和逻辑思维能力……每一项家务,都可以强化我们在课本上学到的知识。"

王老师

做家务还有哪些作用？

会做家务的孩子，成绩更优秀

中国教育科学研究院曾经对2万名家长和2万名小学生做过一项家庭教育状态调查，调查结果发现：

认为"只要学习好，做不做家务都行"的家庭中，子女成绩优秀的比例仅为3.17%；认为"孩子应该做些家务"的家庭中，子女成绩优秀的比例为86.92%。相差了27倍不止！

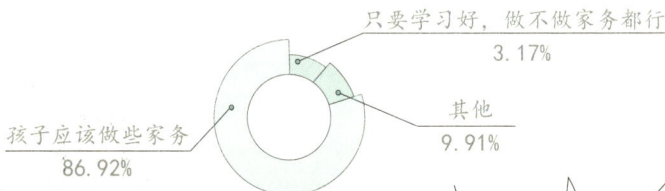

只要学习好，做不做家务都行
3.17%

其他
9.91%

孩子应该做些家务
86.92%

从小做家务的孩子，成年后就业率更高，婚姻更稳定

哈佛大学学者曾经做过一项调查研究，得出一个惊人的结论：

爱干家务的孩子和不爱干家务的孩子，成年之后的就业率为15：1，前者的婚姻也更稳定。

家务中的"为什么"

想要做好家务，是有方法技巧的，它藏着很多有趣的知识。

请将与家务有关的"为什么"，填写在下面的表格中吧！

序号	现象	原因	涉及的知识范围
1	为什么炒菜要先放油再放菜？	热油能够将热量迅速传递给食材表面，使其表面迅速升温，从而加快烹饪速度，使食材更容易入味；油脂可以防止食物粘锅，保证食材受热均匀。	化学、物理知识
2	为什么将刚刚从冰箱中拿出来的肉放入盐水中，肉就能够被快速解冻？	盐水能让冰的溶解温度降低，这样就能大大提高肉的解冻速度。	化学知识
3	为什么有的东西不需要用洗洁精洗刷？	盛粥、凉菜一类的碗盘，用热水一冲就干净了。因为热水能降低油脂的黏性，让它容易被冲走；米汤、面粉中淀粉和油脂结合，可以去除黏腻。	化学知识
4			
5			

也许你现在已经迫不及待想做家务了，然而，这么多家务，应该怎么做呢？

王老师

"做家务是一个量力而行的劳动，应当遵循下面3个原则。"

年龄区分

工具定制

安全第一

年龄区分

不同年龄阶段的劳动能力是不一样的，要在合适的年龄段做合适的事情，这样才能保持对家务的热爱和好奇心。

年龄段	家务内容
小学低年级（6~9岁）	收拾书包、独立上学（家长暗中护送）、整理床铺、清洗碗筷、垃圾分类、照顾花草等。
小学高年级（9~12岁）	整理衣柜、刷鞋、制定菜单、动手做早餐、拖地、打扫卫生间等。
12岁以上	照顾宠物、照顾老人、招待客人、用洗衣机洗衣服、协助大扫除、参与家庭决策、组织节日庆祝活动等。

工具定制

同学们和父母的体型、体力有很大差别，如果父母的工具不够趁手，可以选择适合自己的工具开展家务。

家务劳动中的很多细节都关系到安全问题,比如使用水、电、煤气等时应注意的安全常识,某些化学用品的混用知识等。如果刚开始做家务,要尽量在父母的陪同和监督下进行。

家务安全知识表

分类	内容
用电安全	1.水是可以导电的,用电器之前必须擦干双手; 2.人本身也是导体,不能用手触碰电器的金属部位,尤其不能用力拉扯通电的电线和插头; 3.电器着火时,先切掉电源再处理; 4.家人触电时不能用手去拉,先断电,然后拨打120求救。
煤气安全	1.使用煤气前要先检查开关是否正常,使用后要将煤气及时关掉; 2.闻到煤气泄漏时,要立即关闭煤气开关,并开窗通风。切勿打开任何电源开关,以免发生爆炸。
刀具安全	1.水果刀、菜刀、削皮刀、剪刀等很锋利,使用时要小心不割伤手; 2.传递刀具时将把手朝向对方,使用完后放在固定且安全的位置。
避免烫伤	1.不能擅自用手触碰热水瓶、开水壶、热粥、热汤锅等物品; 2.一旦被烫伤,应当立即将被灼热液体浸透的衣服脱掉,并将创面浸入清洁的冷水中,或用冷水冲洗,尽可能不擦破表皮。严重的话须尽快去医院处理。
避免跌落	做家务爬上爬下时要注意安全,避免跌落、摔伤。

"即便还没开始做家务,这些家务安全知识也要牢记,并严格遵守哦!"

王老师

如何爱上做家务

具体化	游戏化	闯关化
复杂任务简单化	枯燥任务趣味化	家务挑战赛

具体化：复杂任务简单化

和学习一样，家务如果太"大"，我们很容易无从下手。这时候，我们就应该将"大任务"拆分成简单的"小任务"，做好"小任务"，"大任务"也就完成了。

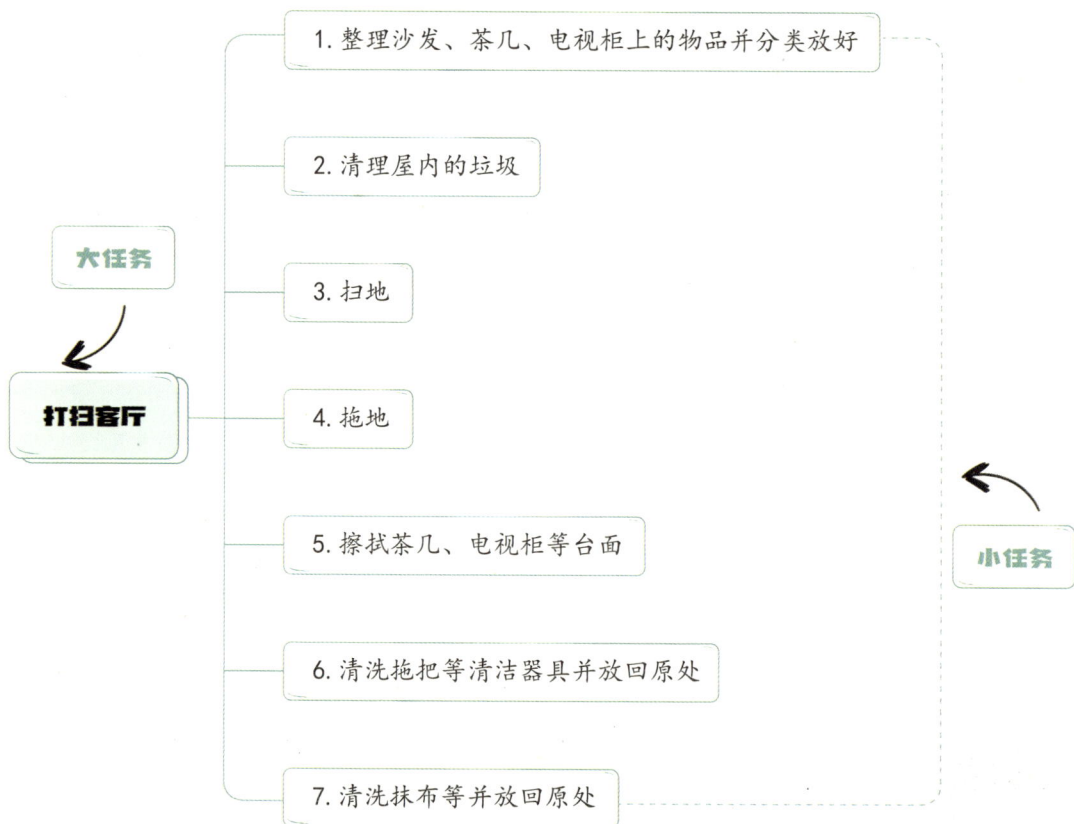

大任务

打扫客厅

小任务

1. 整理沙发、茶几、电视柜上的物品并分类放好
2. 清理屋内的垃圾
3. 扫地
4. 拖地
5. 擦拭茶几、电视柜等台面
6. 清洗拖把等清洁器具并放回原处
7. 清洗抹布等并放回原处

游戏化：枯燥任务趣味化

做家务除了是日常任务,也可以是将家重新变得整洁有序的游戏:给小雏菊喂水、给脏袜子洗澡、帮玩具回家……

王老师

"你还能想到哪些和家务有关的游戏呢？试着列出5个以上的家务小游戏吧！"

闯关化：家务挑战赛

李小涛

"每次看见妈妈做家务，都觉得很枯燥、没意思。"

王老师

"暑假期间，全家都参与到家务活动中吧，根据完成家务的项目和时间，用家务积分卡的形式记录下来（每个成员填写1张）。暑假快结束时，看看谁为家里的整洁贡献得多，其他成员记得给贡献最多的成员颁发奖品哦！"

家务名称，例如：

每完成一次家务的积分

一周的家务积分之和

家务积分卡

家务	积分	周一	周二	周三	周四	周五	周六	周日	获得积分
扫地	5			√			√		10
拖地	8								
刷碗									
洗衣服									
叠衣服									
刷马桶									
倒垃圾									

姓名：_____   奖励：_____   总积分：_____

01 用心整理家务，生活才能更美好。

02 一个人做家务很无趣，一家人做家务就好玩儿多了。

03 整理家务是一种生活的艺术，我们要学会享受这种艺术形式。

04 做家务是每个家庭成员的义务，它代表着我们对家人的责任和爱护。

今日复盘

复盘不仅是为了找到错误，还是为了不再犯错

我今天学习了：

其中最重要的是：

我知道了：

我仍有疑惑的是：

我计划：

今日情绪监测表

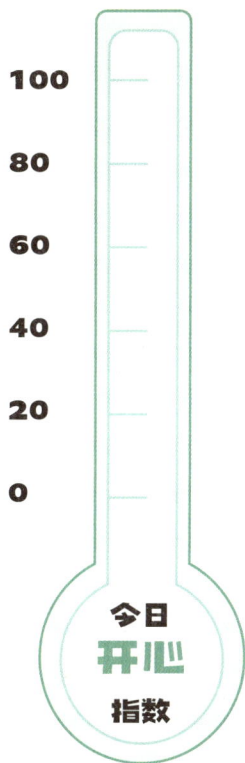

100
80
60
40
20
0

今日
开心
指数

3件美事

让你满血复活的3句话

明日晨读

时间	科目	晨读内容	效果评估 （待明日完成后评估）

明日计划

按ABC分类	起止时间	今日事项，要事第一 重要程度：A类>B类>C类	执行细则	完成 打√

上午

下午

晚上

知行合一

拒绝拖延，引爆执行

Day9

缺少执行力，犹如温水煮青蛙

"暑假前期，相信很多同学都做了满满的计划，但是随着时间流逝，很多同学都没有按照最初的计划执行。大家想想这是因为什么？"

王老师

"好不容易等到放暑假，我特别不想早起，不想读书。"

沈小月

"我做了很多计划，但是每完成一项任务，就会比设想的耗费更多时间。"

李小涛

"有些计划虽然安排了，但是执行时没有动力，比如坚持运动。"

杜菲菲

"总结来看，这分别就是懒惰、效率低下、对后果认知不足造成的。"

执行力：将计划落实到实处的能力

有执行力的人有哪些特点？

=

给人靠谱、专注、高效的感觉，有一种螺旋式上升过程中不断上探的驱动力。

≠

遇到事情立刻去做

而是会先判断事情的优先级，然后高效地完成任务，并且在这个过程中保持身心健康。

"了解了什么是执行力，不一定能真正行动起来。如果我们高估了自己的能力，很可能就会变成：你原本以为自己可以吃下一头大象，其实只能吃掉一个猪蹄儿。"

你们有没有发生过类似的事情？

"我有一个！之前英语老师布置了背单词的任务，我以为最多两个小时就搞定了，结果整整用了一下午，当天其他的作业只能匆匆完成了。"

沈小月

"昨天我计划好今天要晨读半小时，但早晨起来后就什么都不想做了。"

李小涛

所以，想让行动真正落地，把计划中的事情一一完成，还需要一些科学的方法。

长短计划相结合

以暑假学习英语为例,你需要为自己制订长期计划和短期计划,然后将计划分解成具体可执行的任务清单。

21天英语学习计划清单

21天计划: 完成英语暑假作业，包含3张试卷、2个趣配音、5篇英文优美语录摘抄、2幅英语手抄报。

周计划: 每周完成1张试卷、2篇英文优美语录摘抄、1个趣配音或1幅手抄报。

日计划: 周一先完成1个趣配音。

明确了暑假某一科目的任务,以倒推的方式规划出每周和每日的任务,这样你就不会感到压力太大,或者直到开学前几天才想起要写作业了。

给学习找一个好的环境

好的环境三要素

1 适宜的温度和光照

选择一个有适宜的温度和光照的地方进行学习。

2 整洁的场所

整洁的场所需要我们自己去维护,将书桌上无关学习的东西清走,每天学习完毕先收拾完书桌再离开。

3 对的人

选择和你的规划一致的人,比如和晨跑的人一起跑步,和同学相约去图书馆学习……和自律的人做朋友,你想继续拖延也就不容易了。

如何维护好自己的学习场所呢?就是让你的书桌上永远不要出现与学习无关的物品,尤其是会诱惑你分神的东西。

那么,下列哪些东西应该出现在书桌上?哪些可有可无?哪些要坚决拿走呢?

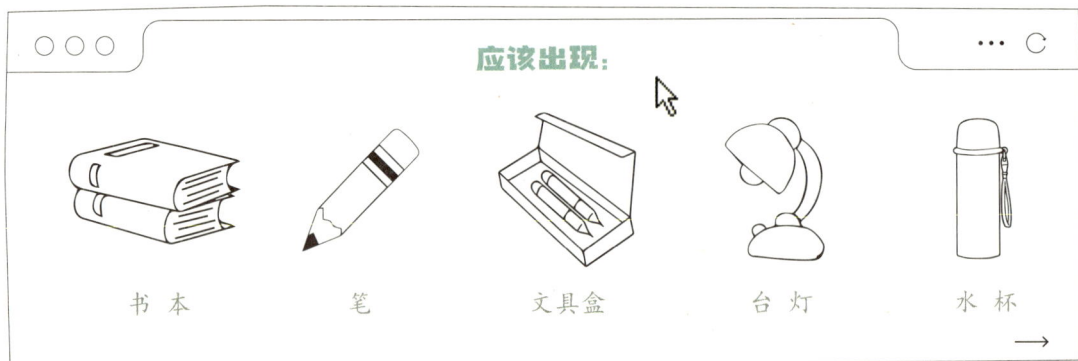

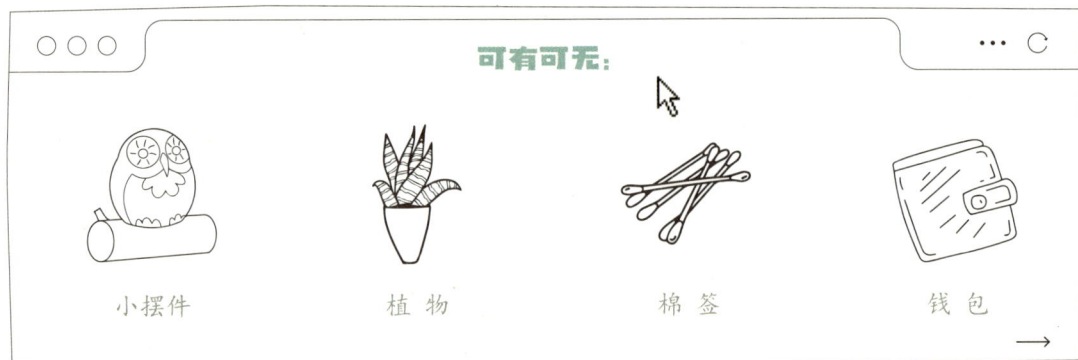

应该出现:

| 书 本 | 笔 | 文具盒 | 台 灯 | 水 杯 |

→

可有可无:

| 小摆件 | 植 物 | 棉 签 | 钱 包 |

→

坚决拿走:

| 手 机 | 零 食 | 玩 具 | 镜 子 |

→

书桌上的东西,越简单越好哦!
有些东西会分散你的注意力,记得把它们及时清理掉。

固定一个简单的执行动作

"学习中，哪些事让你感到很头痛？"

王老师

"我最头疼的是数学，每次写数学作业，我都会一拖再拖。经常晚上快11点了，数学作业还有一些没有完成。"

杜菲菲

"如果我们觉得某一个科目很困难，往往就会对这个科目产生恐惧，从而习惯性地拖延。但越拖延，就越不想开始；越不想开始，这门科目的成绩就会越差，最后陷入恶性循环。"

王老师

破圈思路：

以菲菲的情况为例，在学习数学前，她可以做一个让自己感觉很舒服且简单的动作，比如伸个懒腰，完成后立刻开始学习。之后可以将这个动作固定下来。一周以后，她会发现自己对数学的抵触情绪有所降低。

Step1 准备数学作业

破圈
数学作业

Step3 奋笔疾书

Step2 伸个懒腰

5分钟起步法

当你不想做某件事时，就告诉自己先做5分钟。等5分钟后，绝大多数人都会自然而然地继续把事情做完。

也就是说，你预想的种种困难，其实最难的也就是刚开始的5分钟而已，只要你已经开始，后面就会变得非常容易。

这其实是典型的"**皮革马利翁效应**"。

通过给大脑"热身"，让身体先动起来，从而调动起积极的情绪，看似困难的事情也会变得容易起来。

以结果为前提，定期复盘

周复盘总结表

1.制订的计划希望得到什么结果？

每周完成1张试卷、2篇英文优美语录摘抄、1个趣配音。

2.结果是否达到了预期的目标？　　　　已达成 ✓

3.如果达到了目标，是因为自己做对了什么？

前期做了21天计划、周计划和日计划，并坚持执行。执行过程中一旦想要拖延就告诉自己先做5分钟，让身体先动起来。

4.执行计划的过程中，出现了什么问题？打算怎么办？

学习的时候会忍不住吃零食。之后把零食放在书房外。

5.计划中断了，是因为什么？自己是否还要坚持？

计划执行得很好，之后会继续优化前期的计划。

01 有效的执行不仅需要智慧，更需要行动力和决心。

充足的睡眠时间，是良好的执行力的重要保障。 **02**

03 聚焦在你最重要的目标上，然后一点一点开始做。

每天放纵自己的时间不超过30分钟，特别是要少做那些短时间给你快感，之后特别空虚，还很容易上瘾的事情。 **04**

今日复盘

复盘不仅是为了找到错误，还是为了不再犯错

我今天学习了：

其中最重要的是：

我知道了：

我仍有疑惑的是：

我计划：

今日情绪监测表

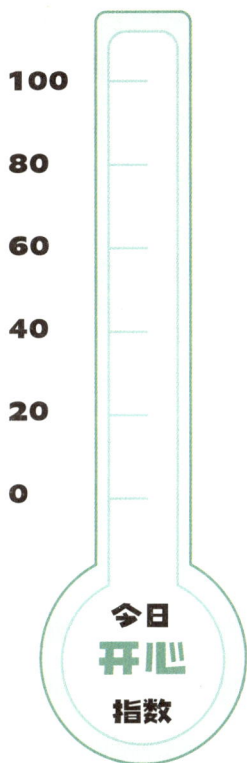

100
80
60
40
20
0

今日
开心
指数

3件美事

让你满血复活的3句话

明日晨读

时间	科目	晨读内容	效果评估 （待明日完成后评估）

明日计划

按ABC分类	起止时间	今日事项，要事第一 重要程度：A类>B类>C类	执行细则	完成 打√

上午

下午

晚上

砥砺前行

越挫越勇，勇敢面对人生

Day10

成长中的沟沟坎坎

王老师： "暑假已过去一段时间了，你们有没有遇到什么烦心事？"

李小涛： "我在小区里和伙伴玩，一个长得很壮的男生总是推搡我，让我很烦躁，但我也不愿意和父母说，因为觉得很丢人。"

杜菲菲： "我参加了一个舞蹈班，马上要集体表演了，我特别紧张，担心会拖大家后腿。"

沈小月： "我参加的英语口语比赛没有取得好的名次，感觉自己很失败！"

王老师： "大家都遇到了自己的困境：小涛被别人欺负了，菲菲有些怯场，小月需要面对暂时的失败……对于生活里的挫折，我们该怎么办呢？"

无论在学习上还是生活中，我们前行的路上总会遇到挫折。不经历挫折就如同纸上谈兵，只有勇敢克服磨难，我们才能砥砺前行、健康成长。

如何看待挫折?

挫折是无法回避的

逃避挫折只能让挫折延后,并不能让它消失。就如同你没有掌握的知识点,它不会因为你的逃避就自动掌握,相反,因为它的缺失,你后面的学习会越来越吃力。

挫折有大有小

对没受过挫折的人来说,再小的挫折也会带来巨大的心理压力;反之,经历过挫折洗礼的人,已将风雨化为历练,再大的困境于他们而言,亦如微风轻拂面庞,举重若轻,泰然处之。

挫折，人生的必修课

在挫折面前，一共有三种人

一种是从此一蹶不振的懦弱者；

一种是缺少总结，横冲直撞的莽夫；

一种是总结反思，重新出击的智勇者。

你是哪一种呢？

挫折面前的"二八黄金定律"

面对挫折，有80%的懦弱者，20%的勇敢者；

20%的勇敢者里，又分成80%的莽夫和20%的智勇者；

20%的智勇者按二八黄金规律再次分派，最终获得成功者占不到1%。

王老师

"面对挫折这个人生的必修课，希望大家能拥有越挫越勇的精神，置之死地而后生的心态，总结经验、持续战斗，直到成为智勇者里1%的成功者。"

处理好自己的情绪

　　沮丧是经历挫折后的一种情绪反应，这种挫败感通常是短暂的，但如果你长时间达不到目标，它就会将你越缠越紧，无法正常面对挫折。

　　因此，处理好自己的情绪，是应对挫折的第一步。

> "没有取得好的名次，虽然有挫败感，但我不能太过伤心。可是我不知道有什么方法可以调节一下……"

沈小月

> "小月可以试试以下5个方式来减少消极情绪的影响。"

王老师

1	提醒自己挫败感只是暂时的情绪。
2	通过做其他事情分散注意力。
3	通过深呼吸和冥想让自己冷静下来。
4	有意识地改变自己的体态，比如背挺直一点，往前站一点，从肢体上变得更积极。
5	和亲近的人倾诉自己的想法和感受。

　　沮丧的情绪对应对挫折毫无用处，有意识的先接纳当前的处境，然后让情绪通过合适的方式表达出来，是战胜挫折的第一步。

找到挫折发生的原因

当你的目标长时间无法实现时，挫折就会接连不断。这时候一味勇敢是不行的，最好先停下来，找到一直受挫的真正原因。

对处于中小学阶段的同学来说，挫折常见的原因通常包括以下几种：

1. 学业上的困难。

2. 社交中的矛盾和冲突，比如和同学、老师产生冲突。

3. 对自身外貌/性格的不满意或者自卑。

4. 日常烦恼，诸如迟到、早退被批评等。

5. 家庭中出现问题，比如亲人离世、父母离异等。

你目前正在面对的挫折是什么？属于哪种类型？不妨写出来。

小月:学业上的困难

你:

内部挫折vs外部挫折

上述挫折尽管种类不少，但大致可以分为内部挫折和外部挫折。

内部挫折指的是内心世界的冲突，通常是对自己的某些方面感到不满意，这种挫折可以通过自身的努力来改善。

外部挫折往往是外界环境中的压力，比如你上学时因为堵车迟到，这就是一种外部挫折。外部挫折通常是突发的、偶然性的、无法预知的，需要灵活应对。

"比赛失败是外部挫折，但如果我长期陷入'我很没用'的挫败感中，就是在内耗，根本解决不了问题。"

沈小月

"我同意小月说的，我也陷入了内耗当中。舞蹈表演还没开始，我还有时间训练，到时候把自己当下最好的水平展示出来就可以了。"

杜菲菲

先体验一下"成功"

当我们陷入挫折中时,最有效的方法就是先体验一下成功,从挫折的沮丧中走出来。

如何体验成功呢?做一件自己一定能做到的事情。比如学习上,你在刚接触五年级数学中的"分数相关运算"时,觉得特别困难,那你可以先复习一下之前相关的知识点,比如"因数和倍数",从熟悉且相关的知识中找到胜任的感觉,然后再着手解决新的问题。

想要战胜挫折,首先要做的是认识自己,搞清楚自己的问题所在,找到最适合自己的起点,然后踏踏实实地往前走。

拆解挫折：
不在一个地方跌倒两次

勤学是好事，但善思和勤学一样重要。学习上遇到挫折，切忌害怕逃避。我们当下要做的是分析自己的学习难点，把挫折拆解成一个个小问题，逐一思考和解决，避免同样的错误犯第二次。

生活里的事也同样如此。如果遇到挫折，我们一味回避，是解决不了问题的。

李小涛

"我被那个很壮的男生推搡过两次，每次我都低着头不说话。"

"那你心里有什么话想对他说吗？"

王老师

李小涛

"我想大声告诉他：'离我远点，再这样推我，我就不客气了！'"

"下次再遇到这种情况，记得把今天的话勇敢说出来！"

王老师

向外界寻求帮助

虽然我们强调越挫越勇、百折不挠，但这并不意味着你是在孤军奋战。一个人的力量是有限的，当你通过自己的努力无法解决问题时，不要忘了你的父母、老师和朋友，甚至还可以在网上求助，不要让自己陷入挫折中无法自拔。

·和一个值得信赖的朋友分享你所遭遇的困扰，不仅能帮助你释放情绪，还可能探讨出更好的解决方案。

·和父母谈谈你目前的麻烦，也许他们的生活经验足以将你拉出泥潭，根本不需要纠结。

想一想，你有哪些问题需要求助？又有哪些"外援"可以求助？他们分别能提供给你哪些方面的帮助？列出来，然后试着找他们帮忙吧！

01 不会在失败中找出经验教训的人，他通向成功的路是遥远的。

02 经历一番挫折，可以增长一番见识。

03 小时候学走路，总要跌倒几次，才能学会和成长。

04 无能的人面对挫折，只会一次次地退缩。

今日复盘

复盘不仅是为了找到错误，还是为了不再犯错

我今天学习了：

其中最重要的是：

我知道了：

我仍有疑惑的是：

我计划：

今日情绪监测表

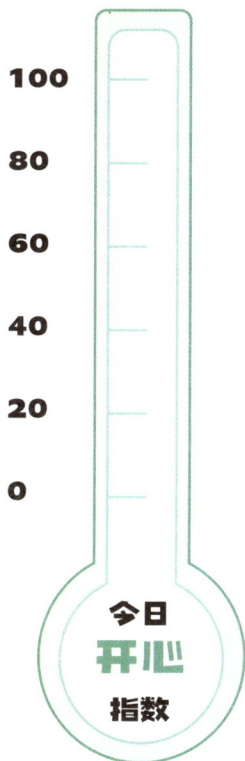

100
80
60
40
20
0

今日
开心
指数

3件美事

让你满血复活的3句话

明日晨读

时间	科目	晨读内容	效果评估 （待明日完成后评估）

明日计划

按ABC分类	起止时间	今日事项，要事第一 重要程度：A类>B类>C类	执行细则	完成 打√

上午

下午

晚上

笃行不倦

刻意练习,让卓越成为自己的习惯

Day11

什么才是真正的勤奋学习？

"勤奋学习就是花大量时间学习。1万小时定律嘛，只要我足够勤奋，成绩应该差不了。"

杜菲菲

"勤奋学习就是上课认真听讲，课后认真刷题。习题做多了，自然就会了。"

李小涛

"可是我每天都学习很长时间，为什么学习成绩反而下降了？是我不够勤奋吗？"

沈小月

"各位同学说到了重点。把现在的日常学习任务努力重复1万小时以上，并没有让你成为学习高手，而是让你对自己的努力产生了怀疑。用正确的学习方法，辅以大量的练习，才是真正的勤奋学习，最终事半功倍。而这，就是刻意练习。"

王老师

杰出不是一种天赋，而是一种技巧。

刻意练习的本质是什么？

《刻意练习》这本书中说到，那些处于中上水平的人们，拥有一种较强的记忆能力：长时记忆。而这，正是卓越者区别于一般人的一项重要能力，也是刻意练习的指向与本质。

打个比方：如果把人在某个领域的记忆比作内存，普通人往往还在使用小内存运行，东一榔头西一棒槌；而高手们已经将自己的大脑升级成内存超大的SSD硬盘，不但把知识分解成无数个精准编码的组块，而且已经分门别类储存好，并在后续练习中反复调用增加连接，最终形成长时记忆的各种通路。

高手和普通人的知识 "内存"

普通人	学习高手
内存卡16G	SSD固态硬盘10T……

普通人

内存卡16G

知识1.1

知识3.2.5

知识6

……

学习高手

SSD固态硬盘10T……

知识 （调用36次）	知识1.1 知识1.2 知识1.3	知识1.3.1 知识1.3.2
知识2 （调用51次）	知识2.1 知识2.2	
		知识2.2.1 知识2.2.2
知识3		

不仅如此，SSD固态硬盘的寿命也更久。所以，刻意练习的本质是"去买SSD硬盘"，让知识以精准连接的形式，长久地存储于大脑中，后续大量重复调用，而不是无视方法，纯粹苦学。

课堂笔记是个宝

想要拥有自己的"SSD固态硬盘",首先得让自己掌握的知识大量且有序起来,记笔记就是其中非常重要的一个环节。

笔记不仅反映了每堂课的知识脉络和重难点,而且它也是高效复习的宝典。

记笔记是一项技术活

①记笔记不是任务,不要求尽善尽美。

②没必要为了追求字迹美观花过多时间。

③不要为了记笔记忽视了老师讲课,最终无法吃透老师讲的知识点。

④笔记最好是自己记,而不是抄别人的,这样才能加深学习印象。

课堂笔记记什么?

记新知识

老师强调的重点

课本上没有而老师补充的内容

疑点

解题技巧、思路和方法

感悟、灵感

想一想:你平时是怎么记笔记的呢?有没有因为记笔记而来不及听课?记的笔记方便自己后续查阅和复习吗?

小学需要学习的知识并不多，书本上的空间也很大，课堂笔记直接记在书上就行。但是在记完以后，为了知识脉络化，不妨用思维导图将笔记"画"出来。

以语文为例，我们需要掌握作者、中心思想、文章结构、感悟、写作手法、生字词、好词好句等，就可以用这样的思路进行课堂笔记的整理。

示例：小学四年级的语文课文《桂林山水》，其中的重点内容用一张思维导图就可以概括。

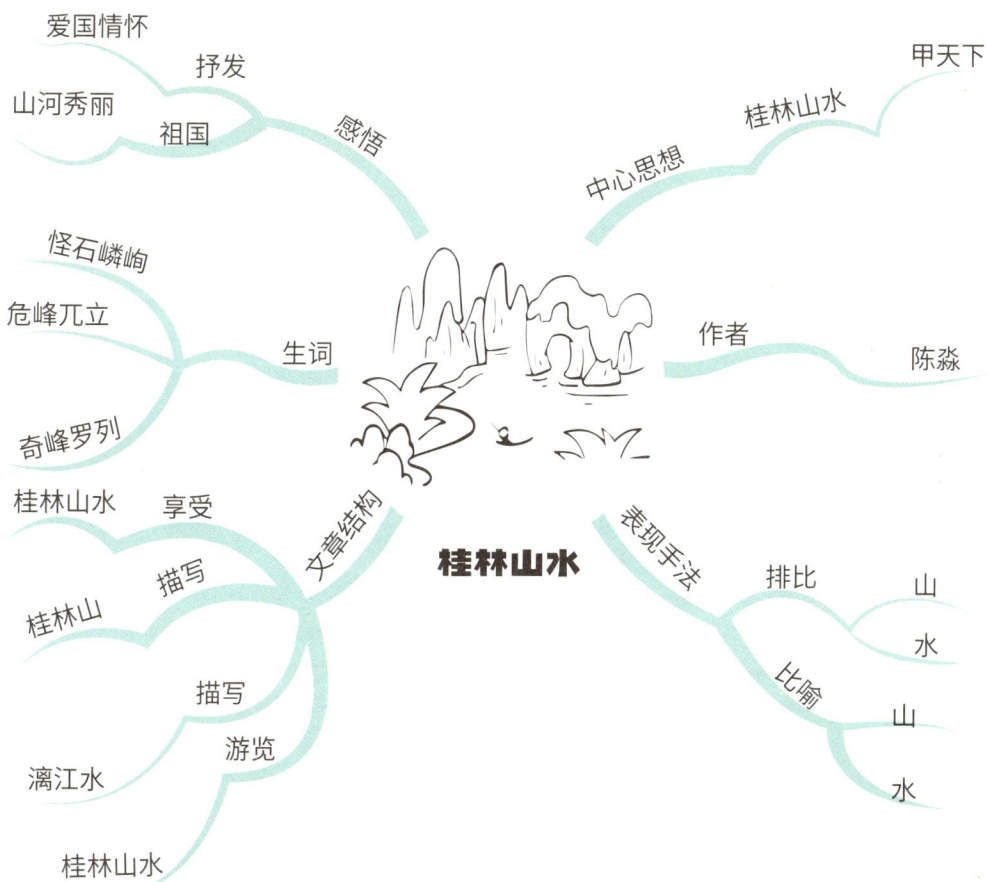

爱国情怀

抒发

山河秀丽

祖国

感悟

甲天下

桂林山水

中心思想

怪石嶙峋

危峰兀立

生词

作者

陈淼

奇峰罗列

桂林山水

享受

文章结构

表现手法

排比

山水山水

桂林山

描写

比喻

山水

描写

游览

漓江水

桂林山水

桂林山水

"从上述的案例很容易看出,我们需要先将整理的内容进行分类,然后才是画思维导图。那么,不同科目都需要整理什么呢?"

王老师

不同科目思维导图整理重点

科目	整理重点
语文	课文内容(中心思想、写作手法、感悟等) 作者(生平、写作风格等) 语言知识(字词句、文章结构等)
数学	公式定理(基本公式定理、变体公式定理) 题型(基本题型和变体题型) 知识拓展(补充内容) 方法(解题思路、方法和技巧) 问题(疑难点) 体会(最终反思)
英语	陌生单词、词组、语法点、经典句型

总复习的时候,也可以将所有知识点(或者同一类知识点)画成一整张思维导图。以数学为例,可以按照如下方法进行整理。

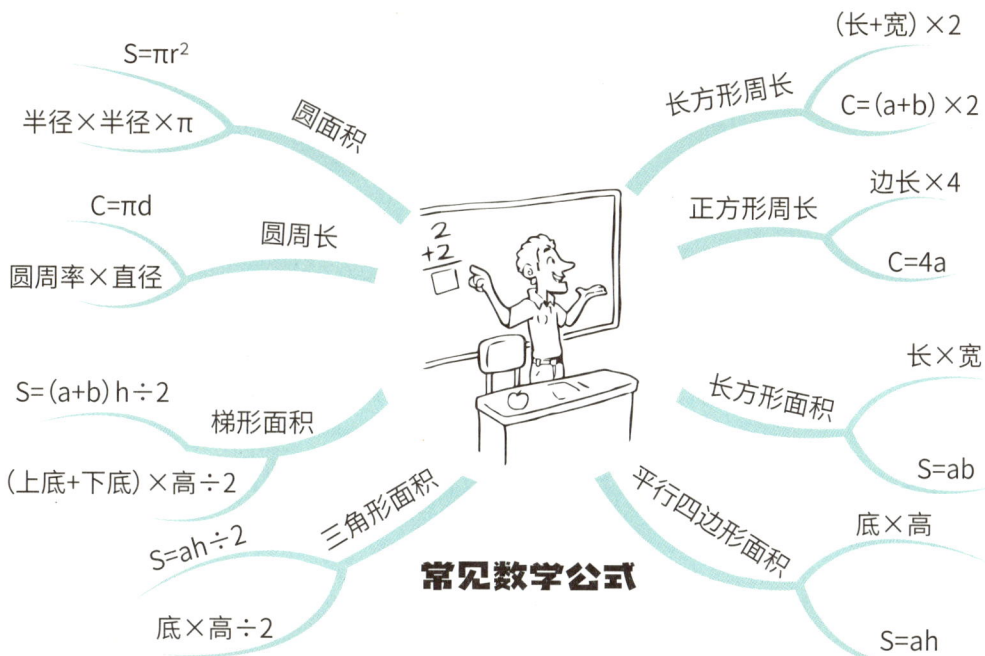

$S=\pi r^2$

半径×半径×π

圆面积

$(长+宽)×2$

长方形周长

$C=(a+b)×2$

$C=\pi d$

圆周率×直径

圆周长

边长×4

正方形周长

$C=4a$

$S=(a+b)h÷2$

梯形面积

长×宽

长方形面积

$S=ab$

(上底+下底)×高÷2

$S=ah÷2$

三角形面积

平行四边形面积

底×高

常见数学公式

底×高÷2

$S=ah$

以下是英语笔记的思维导图模型,同学们不妨根据自己课本上记录的笔记,画出任意一课的思维导图,一起来试试吧!

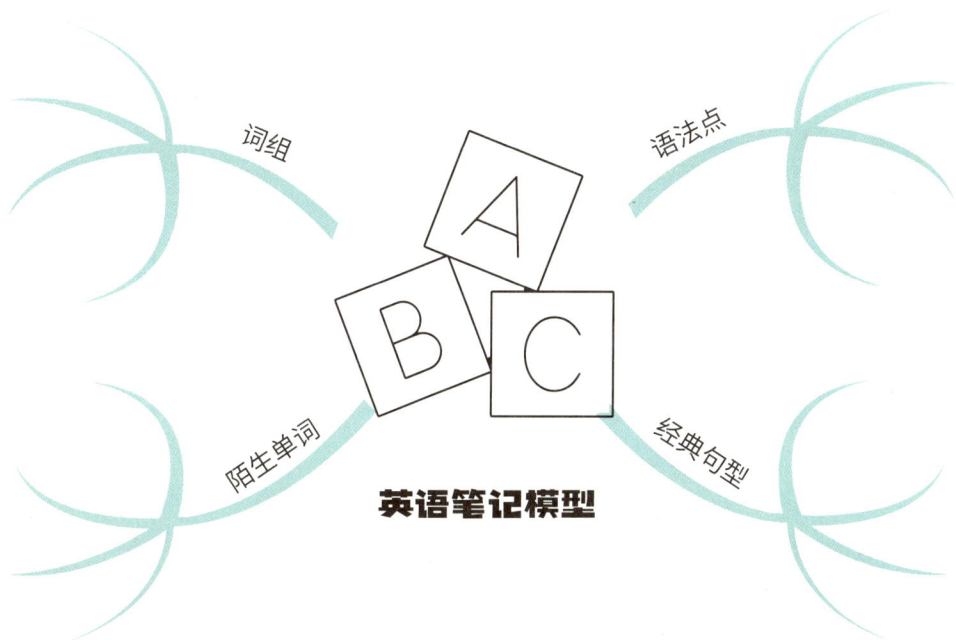

词组

语法点

A

B

C

陌生单词

经典句型

英语笔记模型

初中的知识量骤增，仅靠在课本上记录已经很难满足笔记需要了，这时候不妨用康奈尔笔记法(5R笔记法)记笔记，可以覆盖从课堂笔记到课后复习的全过程。

康奈尔笔记法 （5R笔记法）

5R	完成时间	完成频率
Record 记录	上课时	1次
Reduce 简化、简写	课后10～15分钟	1次
Recite 背诵、记忆	当天晚上	1次
Reflect 思考、回顾	随时	不限
Review 复习	课后的N天内	N次

将笔记本分成如下图3个部分,右上的"主栏"实时记录老师讲课的内容,主要为新知识点和案例,上课完成。

课程名称:　　　　　　**记录日期:**

副栏:（简化、提示）	**主栏:　（笔记）**
核心内容提炼	记录上课内容，和平时的课堂记录类似。
关键词	
关键短语	
关键短句	

思考栏:（总结思考）

听课意见、随感、经验体会等内容。

2 Reduce简化

下课后用10～15分钟,复习主栏内容,将核心知识点提炼出来,以关键词、关键短语、关键短句的形式记录下来。这部分的内容尽量简短,只给最简单的提示即可。

3 Recite 背诵、记忆

当天的课程结束后,可以抽出10～15分钟进行复盘。用手遮住主栏,只看副栏的摘要,尽可能完整地复述并记忆课堂内容。

4 Reflect 思考、回顾

听课随感和复习时遇到的困难和问题,都可以记录在思考栏中。

5 Review 复习

结合艾宾浩斯遗忘曲线,在听课后的几天里,进行N次复习,每次10～15分钟。复习时尽量先看副栏里的关键提示,然后仔细回顾全部知识点和对应的细节。

好记性不如烂笔头

试着用康奈尔笔记法整理上学期学过的语文、数学等学科的笔记，并试着总结所做笔记的情况，哪些地方做得比较好，哪些地方还有待完善。

课程名称：   记录日期：

副栏：（简化、提示）   主栏：（笔记）

思考栏：（总结思考）

康奈尔笔记法简化版
——关键知识点记录法

如果你的时间实在有限,康奈尔笔记法的5个步骤对你来说太繁琐了,也可以试试简化版的康奈尔笔记法,也叫"关键知识点记录法"。

如下图所示,将笔记分成左右两栏,课堂笔记区占80%,课后关键知识点提炼区占20%。后续复习时遮住笔记区,根据关键知识区进行回忆复述,同样可以进行多次复习。

关键知识点记录法

课堂笔记区	关键知识区
上课时记录课堂笔记的地方	课后填写关键词、短语、短句的地方

有目标、有技巧地重复

不管是思维导图笔记法，还是康奈尔笔记法，笔记永远不是学习的终点。

只有通过不断地课堂学习，才能获取一个个知识组件。

只有通过认真地记笔记，才能将一个个知识组件真正化为己有，储存在自己的知识固态硬盘中。

只有通过不断地复习，才能将固态硬盘中的组件一个个串联起来，分门别类放好，方便后续取用。

同样，只有通过反复地刻意练习和调用，才能让所学的知识化为自己的长时记忆，在考试时做到游刃有余。

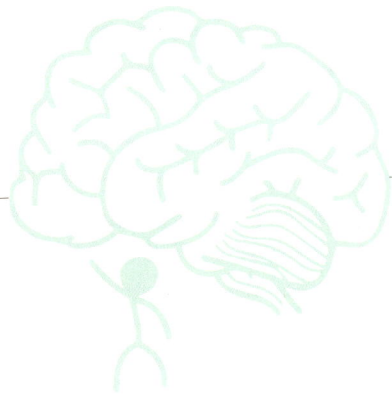

"知道什么是正确的事情是不够的，只有将正确的事情重复坚持做下去，你才能变成学习高手。"

王老师

峰哥智慧锦囊

01 杰出不是一种天赋，而是一种技巧。

02 笔记不仅记录了每堂课的知识脉络和重难点，而且它也是高效复习的宝典。

03 只有通过刻意练习，才能真正掌握专业技能。

04 用正确的学习方法，辅以大量的练习，才是真正的勤奋学习。

今日复盘

复盘不仅是为了找到错误，还是为了不再犯错

我今天学习了：

其中最重要的是：

我知道了：

我仍有疑惑的是：

我计划：

今日情绪监测表

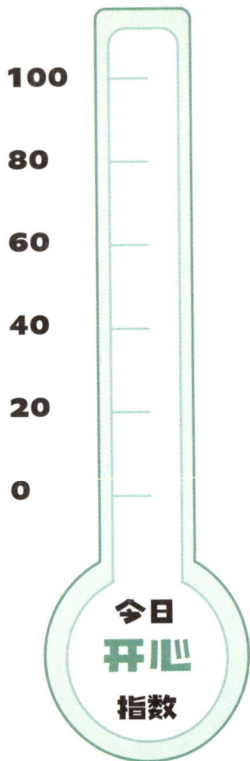

100
80
60
40
20
0

今日
开心
指数

3件美事

让你满血复活的3句话

明日晨读

时间	科目	晨读内容	效果评估 （待明日完成后评估）

明日计划

按ABC分类	起止时间	今日事项，要事第一 重要程度：A类>B类>C类	执行细则	完成 打√

上午

下午

晚上

阅己觉察

认识自己，未经审视的人生不值得过

Day12

王老师

"生活和学习中，你们有没有发现自己有什么比别人厉害的地方？"

"我发现自己很善于把各种杂乱的东西按规律分类，比如整理文具、试卷，收拾房间……我都弄得特别整洁。"

杜菲菲

沈小月

"我发现凡是自己走过一遍的路，我都很少迷路。"

"我的运动细胞比较发达，接触新的运动项目时，学得也比别人快。"

李小涛

王老师

"大家说得非常好，你们这些特别厉害的表现，往往与很多重要的能力有关，比如逻辑思维能力、空间感知能力、身体动觉能力……我们一起来深入探索一下吧！"

你的天赋，藏在热爱和擅长里

英国有一句谚语"In your element"，如鱼得水，很好地形容了一个人找到自己的天赋优势的状态，也是一个人做事的理想状态。要达到这种境界，需要处于两个方面的交集：

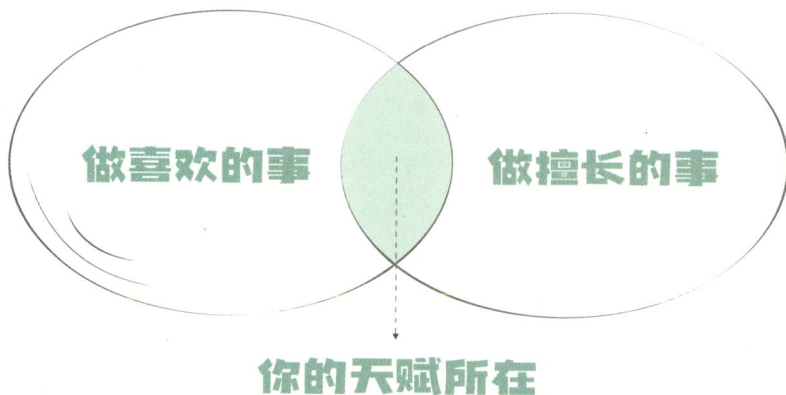

做喜欢的事　　　做擅长的事

你的天赋所在

做喜欢的事

做喜欢的事，一个小时感觉就像五分钟；做不喜欢的事，五分钟像是一小时。

做擅长的事

刚接触时不排斥，甚至很兴奋，做起来轻松；

学得比别人快，做得比别人好；

不需要花太多力气，愿意在上面花时间，并自发地向相关领域探索；

乐意跟小伙伴交流。

恭喜你，你找到了你的天赋所在。

所谓「天赋」，其实就两点：有天分（擅长），有热情。

Element（天赋）= Talent（天分/擅长）+ Passion（热情）

发现你的优势所在

事实上,我们每个人都有不同的天赋,只不过多数人从未发现罢了。因为有时候,天赋就像冰川之下的水,藏在冰面之下,只有创造条件发现它,才能为我们所用。

根据哈佛心理学家霍华德·加德纳教授提出的多元智能理论,人有八大智能,在我们每个人身上,这八种智能都是以不同的方式、不同程度的组合形式存在的,每个人会在某些智能方面比较突出。读懂这些特质,就能更了解自己潜在的天赋。

语言智能

方向：
律师、演说家、作家等

口头交流、书面表达等语言运用的能力。该智能强的人，喜欢阅读、讨论及写作，对语文、历史等课程感兴趣。

逻辑-数理智能

方向：
会计、程序员、科学家等

利用对比、因果等逻辑关系进行运算推理的能力。该智能强的人，喜欢提问、求答、寻找事物规律，对数理课程感兴趣。

自然观察智能

方向：
生物学家、社会学家等

识别自然、社会事物特征并加以分类利用的能力。该智能强的人，能观察到自然界植物、动物等的变化差异。

音乐智能

方向：
作曲家、歌手、调琴师等

感受、辨别、改变和表达音乐节奏、音调等的能力。该智能强的人，唱歌好，一首新歌听几次就能唱出来。

人际交往智能

方向：
政治家、公关、企业家等

交往中能觉察他人的情感意图并做出适宜反应的能力。该智能强的人，善于察言观色。

空间智能

方向：
设计师、建筑师、画家等

感知物体空间，并运用线条、色彩等表现出来的能力。该智能强的人，色彩感觉敏锐，喜欢涂鸦、拼图、走迷宫等。

自我认识智能

方向：
哲学家、神职、心理学家等

善于洞察自身情绪、欲望、个性、意志等的能力。该智能强的人，有自知之明，能坚持写日记，喜欢独处。

身体动觉智能

方向：
手工从业者、运动员等

运用双手或身体运动改造事物、表达想法的能力。该智能强的人，喜欢编织、雕刻等手工或体育娱乐活动。

中心圆环：语言智能　逻辑-数理智能　音乐智能　空间智能　身体动觉智能　自我认识智能　人际交往智能　自然观察智能

请在下面写一写自己哪一方面或哪几方面的智能比较突出吧！

捕捉身上的天赋信号

昆虫少年张赫奕:

一个10岁的小男孩,小小年纪已经认识上千种昆虫,宛如行走的"昆虫百科全书",在网络上收获了近50万粉丝。张赫奕就是典型的具有自然观察智能特质的孩子,他在生活中喜欢观察,有强烈的好奇心,对事物有特别的分类、记忆方式。

音乐神童郎朗:

郎朗曾在自传里写到,在他不到1岁时,父亲就发现他可以哼出曲调,最爱哼《大海啊,故乡》。在两岁半的时候,看完《猫和老鼠》,他竟然自己在钢琴上弹出了主旋律。这两件事让父亲意识到儿子有很强的音乐天分,所以下决心培养郎朗学钢琴。

民间艺术家摩西奶奶:

摩西奶奶做了一辈子农妇,养育了十个孩子,双手也因为一直干粗活而布满了老茧,但76岁的她,在提起笔画画的那一刻,才发现自己的天赋是3D艺术视觉,不曾想到这一天赋成就了自己,也成就了艺术,并以93岁高龄登上了《时代周刊》。

请你对照八大智能的表现，变身大侦探，试着捕捉自己在哪一方面的智能最突出吧！

这里要提醒的是，在某一方面有天赋，并不意味着自己一定比别人强，而是自己在这方面比其他方面强，即自己更擅长什么。

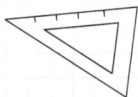

评估现在的你

捕捉到了吗?美国耶鲁大学罗伯特·斯腾伯格博士研究了一种天赋测评表,能帮你发现自己的"天赋"。和父母一起,逐一记录自己对应上的能力,根据日常行为找找天赋所在吧!

序号	日常行为	相关能力
1	你在背古诗和有韵律的句子时很出色	语言
2	你很注意他人在愁闷或高兴时的情绪变化,并作出反应	认识他人
3	你常常问诸如"为什么小行星不会撞地球"这样的问题	思考能力
4	凡是你走过一遍的地方,很少迷路	空间
5	你走路姿势很协调,随着音乐所做的动作很有节奏感	身体动觉
6	你唱歌时音阶很准	音乐
7	你经常会问"打雷、闪电和下雨"是怎么回事	思考能力
8	别人如果用词用错了,你会给他纠正	语言
9	你很早就会系鞋带,很早就会骑车	身体动觉
10	你特别喜欢扮演角色或编出剧情	自我认识|认识他人
11	外出旅行时,你能记住沿途标记,说:"我们曾到过这里。"	空间
12	你喜欢听各种乐器演奏的声音,并能辨别它们发出的声音	音乐
13	你画地图画得很好,路线清楚	空间
14	你善于模仿各种身体动作及面部表情	身体动觉
15	你善于把各种杂乱的东西按规律分类	思考能力
16	你善于把动作和情感联系起来,譬如:我做这件事太开心了	自我认识
17	你能把故事讲得很精彩	语言
18	你对不同的声音发表评论	音乐
19	你常说"什么像什么"	认识他人
20	对于别人能完成与不能完成的事,你能作出准确的评价	自我认识

测评结果及对应能力表现

序号	能力	表现
6/12/18	音乐	这类孩子在很小的时候（两三岁）就特别注意倾听有规律的声音，只要音乐出现，他就会睁大眼睛专注地聆听，这是他所表现出来的对音乐的好奇心和专注力，连七八岁的孩子都比不上他，这表明他在音乐方面潜能很大。
3/7/15	思考能力	他喜爱下跳棋和象棋，能很快明白一些等量关系。如果给他一些摆放混乱的玩具，他会分门别类地把它们归类。这种孩子，也许他上学后的数学成绩并不理想(这可能由于他对讲述的课程语言方式不适应，或者专注力太容易分散引起)，但他在这方面的潜能是不应被怀疑的。
4/11/13	空间	他有丰富的想象力，他对绘画、机械组装有浓厚的兴趣。应该多带他去远行，并从小让他做画地图的游戏。
5/9/14	身体动觉	运动员和舞蹈家都有这方面的天赋。
10/16/20	自我认识	心理学家、哲学家都有这方面的天赋。
2/10/19	认识他人	这类孩子对自我和别人都常常不由自主地作出判断和反省，具有与人交往、沟通、组织方面的潜能。
1/8/17	语言	作家、语言家，都有这方面的天赋。

记得把标注出来的序号和内容，填写在下方哦！

用SIGN模型，分析你的天赋

假如你在几个方面都很突出，那不妨试试SIGN模型，再来分析一下自己的天赋吧！这是优势心理学家马库斯•白金汉教授，提出的一项发现自身天赋的模型，我们来一起看一下。

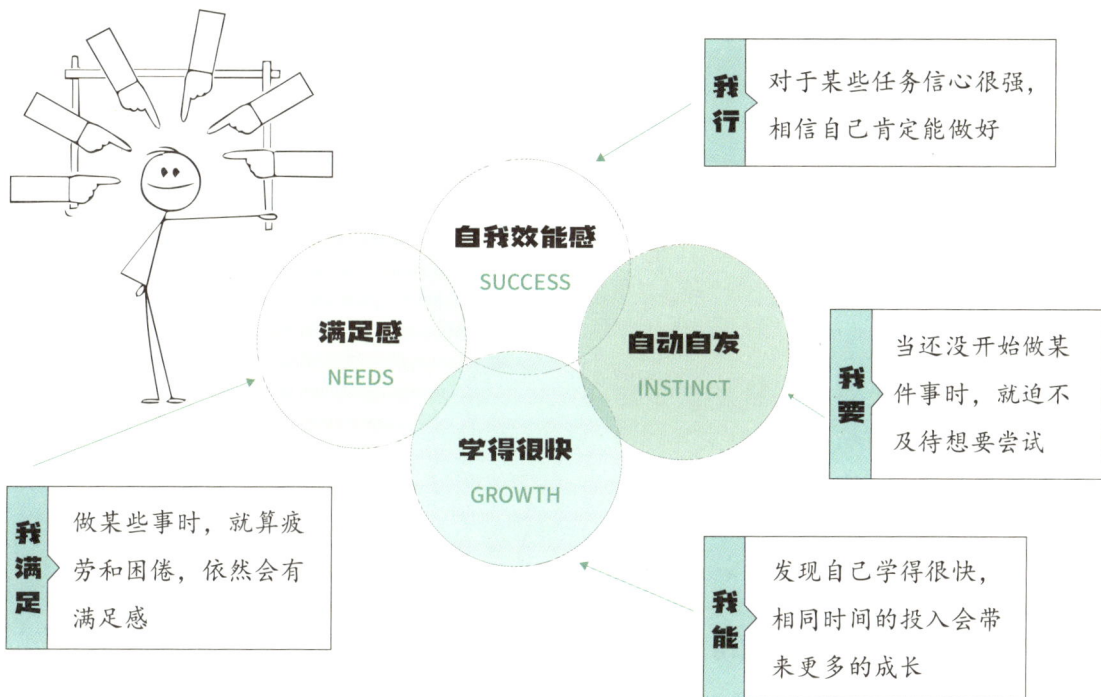

我行：对于某些任务信心很强，相信自己肯定能做好

我要：当还没开始做某件事时，就迫不及待想要尝试

我能：发现自己学得很快，相同时间的投入会带来更多的成长

我满足：做某些事时，就算疲劳和困倦，依然会有满足感

- 自我效能感 SUCCESS
- 满足感 NEEDS
- 自动自发 INSTINCT
- 学得很快 GROWTH

-"灵魂"拷问-

自我效能

我能教同学什么?同学常常向我请教什么?跟别人聊天时,我更喜欢聊什么?

本能热爱

我做什么事很少拖延?我不休息,也要去做的事情是什么?放假时,我最常想起哪个老师的哪堂课?

成长飞快

干什么事会让我忘记吃饭、看电视、刷手机?做哪个学科的题目时,我不会感到焦虑和担心?

感到满足

过去的生活和学习中,什么事情让我特别有成就感和满足感?

请你基于对自己的灵魂拷问,以一年为一个阶段,尽可能多地回忆经历,简单地写下事件关键词,然后确定几个方向,分别给 S、I、G、N四个字母打分吧。

可以将每个方向限定为0~10分,依次给各个方向打分。最后哪个方向得分最高,就表示你在哪个方面的潜能最大,那你就可以试着向那个方向发展。

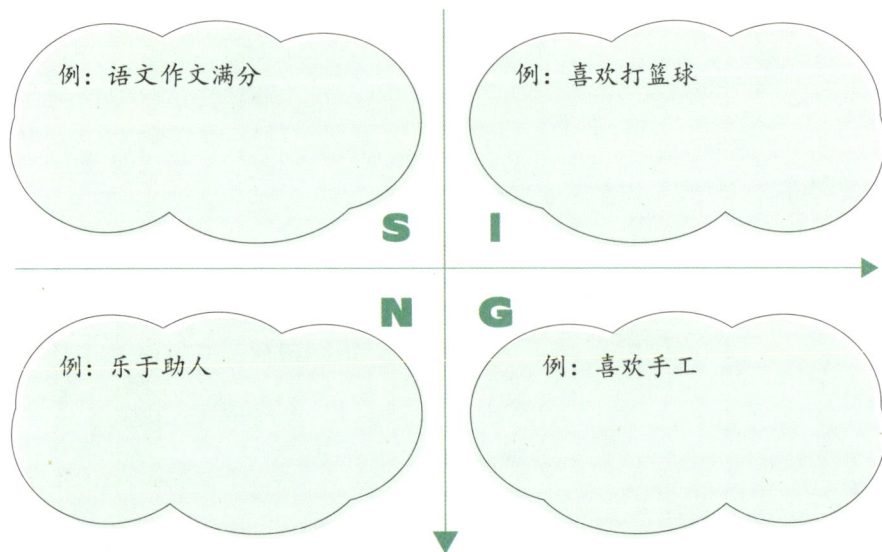

例:语文作文满分

例:喜欢打篮球

S **I**

N **G**

例:乐于助人

例:喜欢手工

测评结果及对应能力表现

	方向一	方向二	方向三	方向四
S				
I				
G				
N				
总结				

找准属于自己的风格

找到天赋很重要,天赋轨道决定了你在某个领域的潜在优势和才能,但如何发挥出自己最大的潜能,还要回归到学习风格上来。学习风格,是你获取知识和技能的基础。

"我对数学一窍不通。"

"我的写作水平太低了。"

"我的英语说得结结巴巴的。"

"我在美术课上连简笔画都学不会。"

……

或许,这并不是你的问题!

有时候,你要想一想:你在某些事情上表现得迟钝,是不是因为周围人教授的方式与你的学习方式不匹配呢?我们每个人都应该有一套属于自己的最佳学习方式,而且学习方式也会强烈影响我们对自己天分的认识。

尼尔·弗莱明发明的VARK模型

视觉型学习者	听觉型学习者	读写型学习者	动觉型学习者
偏好图表、地图等视觉信息	从演讲、报告的录音和讨论等途径获取信息	从图书、网络等文本信息中获取信息	通过具体的个人体验获得的信息

你是哪种风格呢？
记录下来吧！

在了解了自己的学习风格之后，你就可以着手强化自己擅长的学习方法。只有当我们找到一种令自己舒服的学习风格时，学习的体验和效果才会最好，才能发挥出自己最大的潜能。

现在汇总一下关于天赋测试的信息，你可以得出哪些结论？

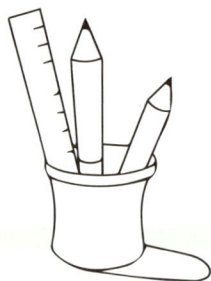

八大智能中，你的 _____ 智能格外突出。

在天赋测评表中，你的 _____ 能力表现很好。

在SIGN模型中，你 _____ 方面的潜力可能最大。

这其中，有没有重合的部分？它是 _____ 。

确定了你的天赋，再根据你擅长的学习风格 _____ ，不断努力地去练习你的天赋吧！

01 及早发现自己的天赋，并坚持锻炼它，你能走得更远。

02 天赋是藏在岩石底下的宝石，不艰苦地挖掘、精心地雕琢，它自己不会发出光彩来。

03 每个人都有自己的天赋，需要我们认真耐心地发掘它。

04 重视天赋的同时，记得要把努力放在更重要的位置。

今日复盘

复盘不仅是为了找到错误，还是为了不再犯错

我今天学习了：

其中最重要的是：

我知道了：

我仍有疑惑的是：

我计划：

今日情绪监测表

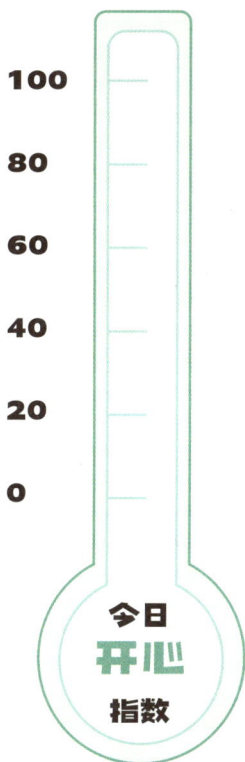

100
80
60
40
20
0

今日
开心
指数

3件美事

让你满血复活的3句话

明日晨读

时间	科目	晨读内容	效果评估 （待明日完成后评估）

明日计划

按ABC分类	起止时间	今日事项，要事第一 重要程度：A类>B类>C类	执行细则	完成 打✓

上午

下午

晚上

阅人反省

掌握好交友分寸，处理好人际关系

Day13

王老师： "作为学生，是不是只要学习好就够了？和同学们搞好关系，重要吗？"

杜菲菲： "当然重要，和同学们关系融洽，自己会有好的心情，学习起来会更快乐。"

沈小月： "老师有时候会布置小组讨论作业，如果和同学们关系都不好，和大家讨论时，是会被孤立的，那多难受啊！"

李小涛： "但有些同学特别爱捉弄别人，我不想和这样的同学做朋友。"

王老师： "这样看来，大家都需要交朋友，但交朋友的边界在哪里，也值得我们讨论一下。"

成功等于30%的才能加上70%的人际关系

美国心理学家卡耐基说过:"成功等于30%的才能加上70%的人际关系。"可见,与人交往的能力是我们成长过程中必不可少的一项能力,没人愿意活成一座孤岛。开心了,希望有朋友一起分享快乐;难过了,也希望有个温暖的怀抱给我们鼓励。

闭上眼睛回忆一下,你或者你身边的同学、朋友,有没有这样的时刻?

社恐症	vs	没边界

在家能唱爱跳,出门却害羞到不敢打招呼;

一群小朋友都玩得很开心,就你躲在角落自己玩;

不懂拒绝,觉得自己必须对每个人的要求说"好";

不想跟朋友出去,心直口快就说了"我不想陪你玩,下次再说吧。"

……

社交恐惧症

开个玩笑嘛!别当真!

他很怪,我们不要跟他玩!

你太笨了,这么简单的题目也会错?!看我的!

你和他是什么关系?就八卦一下怎么了?

我的作业没带,给我借鉴一下吧!不然你就不是我的朋友!

……

很多时候,我们与人相处,就像刺猬抱团取暖。离得太远,无法御寒;靠得太近,又会刺痛对方。所以,与人交往,掌握好分寸感真的很重要。

有效沟通
是我们与人交往的第一步

01 认识他人的情绪感受

身体是我们的第一语言,一个眼神,一个手势,在你未开口之前,都在传递你的沟通信号。当你能主动传递出来,或者捕捉到别人身上的社交信号,主动表达你的友好,就能跟人更快地熟悉起来,哪怕是陌生人。

微笑	目光和善	点头
竖起拇指	ok手势	v手势
鼓掌	握手	热情招手
拥抱	友好的搭肩	抚摸头部
张开双臂	声音柔和	善意的笑声

我们每个人似乎天生就是一个"倾诉者"，提起自己的事情可以滔滔不绝，但如果我们学会适时闭上嘴巴，会收获更多的尊重和信任。

一个积极倾听者的自画像

不时地点头，表示你在倾听

大脑思考对方说的话

在合适的时候微笑

眼睛自然地看着说话的人

耳朵专注地听

手别乱动

在合适的时候鼓掌

闭上自己的嘴巴，让对方说话

脚别乱动

消极的语言，就像一把刺出的利剑，会刺伤人心。正向的语言，才会拉近你和朋友的距离。

注意说话的措辞

同样的意思，用词不同，就会产生完全不同的效果。

李小涛

"一起去玩跳房子吧！"

"我不想陪你玩，下次再说吧。"

沈小月

友谊的小船可能说翻就翻。
如果改变一下用词：

李小涛

"一起去玩跳房子吧！"

"我很想陪你一起玩，不过我今天感冒了，身体不舒服。我们下次再约吧！"

沈小月

先考虑对方的感受，再真诚地说明拒绝的理由。朋友虽然会失望，但也能够接受。

多用肯定的表达

✕ 不要说	✓ 可以说
我讨厌你的建议。 ⟶	谢谢你的建议,我会认真考虑,修正我的想法。
这题太难了,你放弃吧! ⟶	你需要付出更多时间和精力才能学会。
滑板太危险,你根本做不到。 ⟶	我觉得你还可以试试其他运动。
我不会。 ⟶	我只是现在不太熟练。
你太凶了,我不想跟你玩。 ⟶	你可以对我温柔一点。
你怎么总是打扰我! ⟶	你可以等我做完题,再跟我聊天吗?

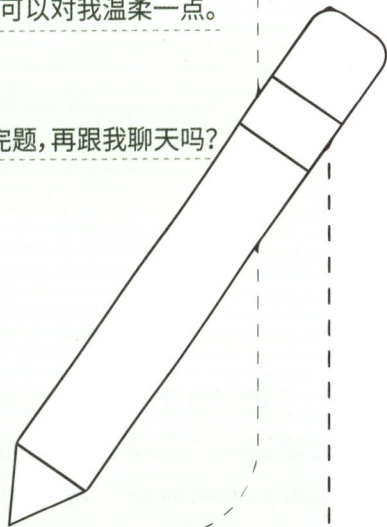

交友要谨慎，
关系再铁也要守界限

01 志同道合才能走到最后

好的友情往往始于彼此有话聊，彼此欣赏和尊重，而不是一个人的控制和讨好。这样的友情才经得起考验。

绿色友谊通行证

在跟同伴交往时，有哪些行为是你觉得舒服、安全的，愿意跟他一起去做的呢？

1.＿＿＿＿＿＿＿＿＿＿＿＿＿＿＿＿＿＿＿＿＿＿＿＿＿

2.＿＿＿＿＿＿＿＿＿＿＿＿＿＿＿＿＿＿＿＿＿＿＿＿＿

3.＿＿＿＿＿＿＿＿＿＿＿＿＿＿＿＿＿＿＿＿＿＿＿＿＿

……

比如:互相帮助;在我需要的时候朋友总在身边。

02 尊重差异，但也请勇敢说"不"

我们每个人都是独一无二的自己，你喜欢玩具枪，她喜欢娃娃，大家想法不同、兴趣不一样，十分正常，不必强求朋友的兴趣、爱好和你完全一样。

对某个问题有不同看法时，也不用强迫他接受你的想法。尊重彼此的差异，互相理解，不强人所难，才是真朋友的相处方式。

A. 考虑别人的感受，但前提是尊重自己的内心。

B. 对于自己不愿意做的，认为不合理、不正确的要求，可以有礼貌、委婉地拒绝，并给出理由。

C. 拒绝某个人的提议，不等于否定、排斥这个人，真诚地说"不"，不需要有负担。你可以说："我不喜欢你这样大声吼我，因为你吓到我了。"

D. 能坦然接受别人拒绝自己，被拒绝时不用过于伤心和沮丧。

03 停止讨好，讨好来的朋友并不是真朋友

看到同伴在做错事，他们还希望你加入。你知道他们做得不对，这时候，你是选择为了朋友义气而加入他们，还是选择不讨好，直面压力？

?

很简单，用"四步思考法"温和而坚定地说"不"！

A. 明确别人要让你做什么。

⬇

B. 判断这件事是否正确，你是否愿意去做这件事。

⬇

C. 对于不正确的事，或者你认为正确但现在不愿意做的事，礼貌并坚定地说："不。"

⬇

D. 说出你不能那样做或不想那样做的原因。

朋友之间难免会有无心的玩笑，你可以一笑了之。但你要学会识别那些恶意的嘲讽、欺辱，甚至霸凌，用适当的方法保护自己。

竖起你的感知雷达

被喊外号： 胖子、四眼、怪咖……

被贬低： 你的英语真烂！

让你尴尬： 你跟他击掌时，他不回应你。

恶作剧： 在你的椅子上粘口香糖；总有人扯你的辫子。

激怒你： 你不喜欢有人捏你的脸，请他停止，可他继续捏你的脸。

校园霸凌： 被打、被推搡、被绊倒；被辱骂、威胁、恶意造谣；被抢零花钱；被同学联合孤立……

不是满身伤痕，才算校园霸凌！

隐秘的语言霸凌，其危害不输肢体霸凌！

防欺负指南

不可以做

- 不要说别人的闲话
- 不要恶作剧
- 不要嘲笑别人,比如喊外号,吐槽缺陷
- 不对别人大喊大叫
- 不对同学动手动脚,殴打他人

可以做

- 避开嘲笑你的人
- 只有你和开玩笑的人都知道这确实是一个玩笑的时候,才开玩笑
- 被嘲笑的时候,试着不要反应过激或者当着大家的面哭
- 直视他人的眼睛,大声告诉他们你的感受
- 给他难看的脸色,或者学会反击

Help me

当你被嘲笑、被欺负,不知道该怎么应对,感觉被压得喘不过气来的时候,请勇敢地寻求帮助!

A. 不要怕,告诉大人!爸爸妈妈是你最坚强的后盾。

B. 提前准备信任清单。

C. 求助前思考3个问题:困扰你的问题是什么?你是否尝试过某种解决方法?你想要别人提供什么帮助?

Help me
帮帮我

考虑你信任的人

爸爸妈妈
老师
其他你信任的人

不要怕告诉大人

求助前思考3个问题

困扰你的问题是什么?
你是否尝试过某种解决办法?
你想要别人提供什么帮助?

成为超级合作者

有这样一句谚语:"一个人可能走得很快,但一群人才能走得更远。"在我们的学习和生活中,难免会遇到挑战和困难,每个人都有长处和短处,我们不能期待自己能够解决所有问题。学会合作,也是一种大智慧。

"虽然我觉得他说得不对,但大家都认同,那我也认同。"

这是从众,不是合作

"我是班长,大家都要听我的。"

这是霸权,不是合作

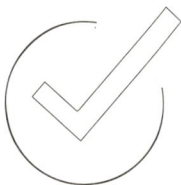

合作,不是委屈求全,一味地妥协、去配合别人,也不是强词夺理,以权威号令大家,而是为了团队共同的目标,每一个人都能发挥自己的优势,贡献自己的力量,实现共赢。

如何有效合作?
这份合作指南请查收!

01 欣赏他人优点

这是和别人友好合作的前提,如果有人只知道挑别人的毛病,那请绕道走。

02 尊重他人意见

尊重别人的黄金法则,就是不要打断别人的话。人多,必然会出现意见分歧,要接受差异性。别人发表观点时,耐心地倾听,才有机会真正了解他人,融入集体。

03 懂得原谅和鼓励

人人都可能犯错,重要的是要懂得原谅别人的失误,及时鼓励,抓住别人的错误不放的人,也不会有好人缘。

04 不要成为"小霸王"

受不得一丁点儿委屈,吃不得一点儿亏,长此以往,是不会有人跟你合作的。

05 在集体活动中给他人机会

一场足球比赛,如果你只想表现自己,纵使你能力再强,球队也很难赢得比赛。好胜心强,无可非议,但也要考虑集体利益,关键时刻约束个人行为,不是所有人都是你的竞争对手。

峰哥智慧锦囊

01 学会和别人有效沟通，这是我们与人交往的第一步。

02 好的友情往往始于彼此的欣赏和尊重，而不是一个人的控制和讨好。

03 倾听往往能让你的伙伴感受到被尊重。

04 有真正的好朋友会让你感到无比快乐和幸福。

今日复盘

复盘不仅是为了找到错误，还是为了不再犯错

我今天学习了：

其中最重要的是：

我知道了：

我仍有疑惑的是：

我计划：

今日情绪监测表

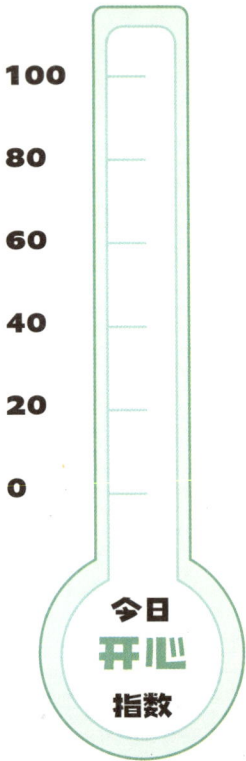

100
80
60
40
20
0

今日
开心
指数

让你满血复活的3句话

明日晨读

时间	科目	晨读内容	效果评估 （待明日完成后评估）

明日计划

按ABC分类	起止时间	今日事项，要事第一 重要程度：A类>B类>C类	执行细则	完成 打√

上午

下午

晚上

阅事明智

用持续精进的努力，撬动成事的更大可能

Day14

"同学们，做'成事'比'成功'更重要，你们怎么理解这句话？可以结合自己的学习和生活说一说。"

王老师

"我觉得成事是做成一件事，比如完成一件手工作品，成功是这件作品获奖了！"

杜菲菲

"我认同菲菲说的，大家都想成功，比如都想考第一名。"

沈小月

"但第一名只有一个，难道其他人就不成功了吗？"

李小涛

干好一件事，人生无憾事

也许你在练琴的路上，三天打渔两天晒网；也许明明是你感兴趣的活动，但做起来，总是三分钟热度。做成一件事，似乎很难？

人的一生，是由我们做过的无数件事组成的。人生短短几十年，能扎扎实实干好一件事，就很了不起。

你读过我写的《进化论》吗？

达尔文

嘿，我们是最早开飞机的人！

莱特兄弟

我没读过进化论，但我写的《红楼梦》人们都在读！

曹雪芹

我跟苹果特别熟！

牛顿

- 我是校运会800米跑步的第一名！
- 我钢琴过了5级！
-
-

你

做成一件件事，会让我们觉得自己在一点点变好，对自己的学习和生活更有掌控感，自信就在这一件件经历的事情中萌芽了。我们就愿意去承担一些事，即使暂时有困难，我们也会知道通过怎样的努力能胜任这件事，让自己和自己周围的世界变得更美好一点。

成功不等于成事

他人交代的任务你完成了，自己制订好的任务你完成了，就是成事。至于最后是否成功，别人是否认可，并不重要。

以下两个观点，你认同吗？

观点	判断
1.事在人为。成事，可以修炼，你凭借自己的努力，持续精进，就可以把事做成；成功在天，有运气和时机的成分在。	✓
2.做成的事情越多，你成功的概率越大。	✓

先成事，后成功的例子有哪些？

事项	成事	成功
学钢琴	熟练弹奏曲子	拿奖
上学	学到知识，增强能力，解决问题	考第一名
学英语	用英语和他人进行流利的对话	英语考120分

成事无大小，但有善恶

也许你很优秀，未来也可以把"火星号"送上太空；也许你很平凡，未来是一位陪伴无数人上、下班的公交车司机。你们都在人生的跑道上，成就了自己的人生。

你觉得高僧做的事，是大事，还是小事？

一位小和尚问一位得道的高僧："大师，您得道之后都做些什么事呢？"

高僧回答："扫地，做饭，吃饭，洗碗。"

小和尚："就这些啊？"

高僧："就这些。"

小和尚又问："得道之前都做些什么呢？"

高僧继续回答说："洗碗，做饭，吃饭，扫地。"

成事虽然无大小，但是有善恶。恶的事情再小，也请你不要做，善事哪怕小，做一件便是成一件。请你判断下面列举的事情哪些是善，哪些是恶？

序号	事情	判断
1	故意给班级里成绩不好的同学起外号	
2	为了少走几步路，把手里的垃圾扔在教室地上	
3	做完今天的作业	
4	帮妈妈洗了今天的碗筷	

学会把一件事做成

01 **目标：人要有理想，不然跟咸鱼有什么区别**

请你花点时间，和父母谈一谈自己的梦想，自己想做成的事情，以及为自己制订的计划，比如目标学校、读书、弹吉他、学轮滑……

找到了方向，有了目标，明白自己想做什么，然后才能努力做成。

在心理学领域，有个目标规划法叫SMART，是五个步骤的英文首字母缩写。请你也规划一下你想做成的一件事。

S 目标要具体 Specific ➡ · 谁？什么时候？在哪里？为了什么？要做到什么？

M 要可衡量 Measurable ➡ · 用数量来控制进度，什么时候完成到哪一步？

A 要可实现 Attainable ➡ · 目标不能定得太高，但也不能没有挑战，要能实现。

R 相关的 Relevant ➡ · 还有哪些相联系的目标？

T 有截止日期 Time-Bound ➡ · 想哪天达成目标？

目标	未来想成为钢琴家，小学毕业钢琴技能达到专业水平
维度	内容
S	小学毕业前，李睿辰计划通过业余钢琴考试
M	小学毕业前，通过中国音乐家协会业余钢琴考级10级
A	对钢琴感兴趣； 经过专业测评，手指长、跨度宽，适合弹钢琴； 经济条件允许的情况下，能买到合适的钢琴； 寻找到合适的钢琴老师； 能合理规划自己的业余时间
R	学会基础的乐理知识；锻炼手指的灵活性；培养自己的节奏感
T	进度安排：一年级过3级，二年级过5级，三年级过7级，四年级过8级，五年级过9级，小学毕业过10级 每周：上两次课

下面用SMART法则，
规划一下你想做成的一件事吧！

目标	
维度	内容
S	
M	
A	
R	
T	

脑袋要勤快

做一件事若太费劲了，就说明哪里不对，要么这件事本身不对，那就回到上一步，重新规划目标；要么做事方法不对，方法对了，做起事儿来才事半功倍。

李小涛

"妈妈，我今天去找老师交作业，他不在，我找了一圈都没找着，就回来了。"

"找了一圈，还有没有其他办法？"

李小涛妈妈

李小涛

……

"你想想可不可以这样做：1. 拜托其他老师留个口信，或者留个字条，告诉老师你来找过他；2. 问问老师是否可以换个时间，或者以电子版的形式提交作业。"

李小涛妈妈

李小涛

"是哦，原来还有这么多解决的办法！"

　　很多时候，我们宁愿手脚勤快，也不愿意脑袋勤快。其实在平时，多问自己几个"为什么""能不能""还有没有别的办法"，让自己在思考中得到锻炼，脑子越来越灵活，越来越聪明，就越能成事儿。

时常要总结

常言道:"吃一堑,长一智。"没有回顾、反思,就难有进步成长。时常自我检查,总结教训,才能不在同一个坑里跌倒,少走弯路,更快成事。

下面不妨试试这个简单的KPT复盘法

Keep
(保持)

哪些行为是可以
保持的?

Problem
(问题)

在过程中遇到了
哪些问题?

Try
(尝试)

我可以尝试去做
些什么?

心理学上有个理论，叫作自我实现的预言(self-fulfilling prophecy)。就是说，当我们期望某件事发生的时候，会不断地向自认为正确的方向靠拢，选择性地认知、记忆或做出某些能证明自己正确的事情，最终让预言成真。这其实就是信念的力量。

写下对你来说最强大的几个信念，比如：

序号	信念
1	我是个很棒的人
2	我很有创造力
3	我是自信的
4	世上无难事
5	尽力就是满分
6	
7	
8	

没有好身体，一切都是徒劳。坚持锻炼，能提高免疫力，少生病。拥有强健的体魄，是"成事"的基础。保持身体健康，我们就会有更多的时间去做事，也更会有力量和头脑去解决问题。

第18天的课程中，我们会专门讲到关于运动的内容。下面先简单地描述一下你平时都是通过什么方式锻炼身体、提升体力的吧！

想要成事，离不开脚踏实地，也就是在第9天的课程中，提到的执行力。除此之外，你还可以从以下3点去做：

1 从容易做的开始

> 循序渐进，进步慢点就慢点，总好过没有进步。

- 不要想着一次提升数学成绩10分,改为一次提升1分;
- 不要想着2个小时完成所有作业,改为先用30分钟的时间做完口算。

2 断了自己的后路

> "霍桑效应"告诉我们，那些意识到自己正在被别人观察的人，具有改变自己行为的倾向。

- 自己默默做事,总是容易做着做着就放弃了,可以适当和朋友分享,让朋友来监督你。

3 找人结伴而行

> 一个人走得快，一群人走得远。

- 找个小伙伴一起做,组成学习小组。彼此之间相互鼓励、分享。

峰哥智慧锦囊

01 很多事，之所以做不成，可能是因为方法不对。

02 成事虽然无大小，但是有善恶。

03 做好一件件小事，才能做成大事。

04 凭借自己的努力，持续精进，才可以把事做成。

今日复盘

复盘不仅是为了找到错误，还是为了不再犯错

我今天学习了：

其中最重要的是：

我知道了：

我仍有疑惑的是：

我计划：

今日情绪监测表

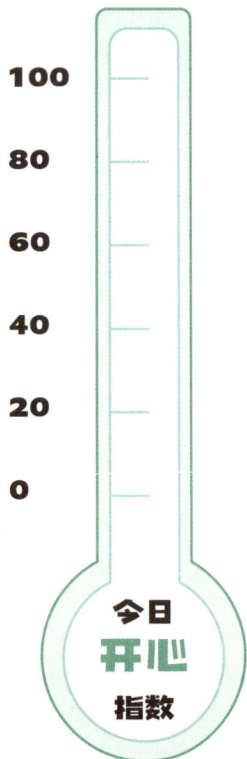

100
80
60
40
20
0

今日
开心
指数

让你满血复活的3句话

明日晨读

时间	科目	晨读内容	效果评估 （待明日完成后评估）

明日计划

按ABC分类	起止时间	今日事项，要事第一 重要程度：A类>B类>C类	执行细则	完成 打 √

上午

下午

晚上

文学名师

和文学相遇，爱上语文

Day15

谈到语文，你首先想到什么？

"语文，就是语言文学。用文绉绉的语言文字表达自己的思想。"

杜菲菲

"哪有那么复杂？不就是课堂上学的字词句段和中心思想嘛，对了，还有写作文和阅读理解。"

李小涛

"说到阅读理解，好多作者都说，阅读理解的答案根本不是他们本人的意思。真不知道为什么还要费劲巴拉学语文……"

沈小月

"谈到语文，同学们不仅能想到课堂上学的字词句段和中心思想，还能想到阅读理解和作文，这很好。当然，想要学好语文，答案从课堂开始，但又不局限于课堂。我们不妨一起去语文的更深处寻找答案……"

王老师

学好语文的意义是什么?

要打好基础,不管学文学理,都要学好语文。因为语文天生重要,不会说话,不会写文章,行之不远,存之不久。

—— 华罗庚

王老师

"小月说,阅读理解的答案不一定是作者的意思,那我们学语文的意义是什么? 同学们认为,有必要学语文吗? "

"当然! 就拿其他科目的学习来说。语文学不好,其他科目的题目都看不懂。就算是英语翻译,要达到'信达雅'的标准,也得中文基础好才行。"

李小涛

杜菲菲

"学习语文,不只是为了提高成绩,我们还可以在语文中感受到人类特别美好的感情,比如在阅读文章时与作者达到某种心意上的相通。"

"学好语文,我们可以用恰当、优美的语言,准确、清晰地表达自己的观点。同时,我们也能够理解别人想要表达什么。"

沈小月

王老师

"学好语文能提高我们的审美,让我们看到普通人、普通事的美好。下面我们一起来看看,想要学好语文,应该怎么做吧! "

宾果趣味阅读游戏

宾果游戏简单好玩，利用其相关规则设计的宾果趣味阅读游戏，可以培养我们的阅读兴趣，扩大阅读范围。首先，设计一个目标任务挂图，画上5排5列，一共准备24个阅读任务。任务要兼具趣味性、多样性、可实现性。

GAME · 宾果趣味阅读游戏

你朋友喜欢的一本书	一本青少年经典读物	一本改编成电影的书	一本标题里有数字的书	一本以真实故事改编的书
一本封面是淡黄色的书	一本今年出版的书	一本关于魔法的书	一本以女性为主角的书	一本基于神话的书
你最喜爱的作家的一本书	一本短篇小说集	读完任意一本书	一本科普类的书	一本推理作品
一本出版10年以上的书	一本标题只有一个字的书	一本以夏日为背景的书	一本以校园为背景的书	一本跟植物有关的书
一本跟动物有关的书	一本历史类的书	一套系列丛书中的第二本书	一本超过200页的书	一本作者的处女作

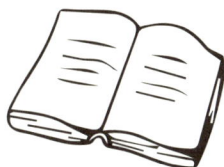

宾果趣味阅读的游戏规则

01

    填写5排5列的目标任务挂图，按照你所填写的内容去阅读相应的图书，每读完一本书，就在相应的空格中写下书名、读完的时间。

02

    每个任务空格中写下的书名不能重复。

03

    完成一条线（横、纵、斜）的5个任务，即可得到一枚勋章，完成全部任务得到12枚勋章。

04

    先和父母商定好奖励机制：1枚勋章可以换什么，5枚勋章可以换什么，12枚勋章可以换什么。

05

    设定游戏截止日期。游戏时间一般为1~3个月。对于中学生来说，如果任务中有比较厚的大部头的书，期限可以延长到半年。

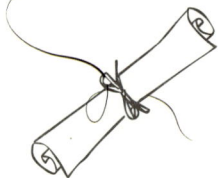

下面来完成你的宾果趣味阅读游戏吧！

GAME 宾果趣味阅读游戏

		读完任意 一本书		

每完成一个任务，就给下面的勋章涂上一个颜色吧！

书海探索者

智慧小书虫

阅读小先锋

书香小使者

故事小达人

阅读小能手

知识小勇士

梦想航行家

想象飞翔者

文学小新星

文字魔法师

博览群书者

学好语文，离不开学会阅读

有良好的阅读习惯是学好语文的关键。暑假期间，我们能够自由分配的时间变多，完全可以好好利用起来，加强阅读，开拓视野，锻炼思维能力。

我们要有目的地进行阅读，一边阅读，一边摘录自己所需要的相关内容。摘录要写上书名、作者、阅读时长、优美词汇、精彩句段、阅读感悟等。

阅读记录卡

书 名：《荷塘月色》

文 章：《〈忆〉跋》　　　　　**作 者**：朱自清

阅读时长：20分钟　　　　　**来 源**：红旗出版社

优美词汇：长长短短、深深浅浅、肥肥瘦瘦、甜甜苦苦、曲曲折折、甜蜜蜜、惆怅、肥腴

精彩句段：1.在朦胧的他儿时的梦里，有像红蜡烛的光一跳一跳的，便是爱。

2.在他的"忆的路"上，在他的"儿时"里，满布着黄昏与夜的颜色。夏夜是银白色的，带着栀子花儿的香；秋夜是铁灰色的，有青色的油盏火的微芒；春夜最热闹的是上灯节，有各色灯的辉煌，小烛的摇荡；冬夜是数除夕了，红的，绿的，淡黄的颜色，便是年的衣裳。

阅读感悟：朱自清的《〈忆〉跋》，不仅是对过去的缅怀，更是对生命的珍视。在忙碌的现代生活中，我们往往忽视了身边的美好与感动，而朱自清用文字提醒我们，要珍惜每一个瞬间，用心感受生活的点滴。读完此文，我更加懂得珍惜现在，感恩过去，也期待未来能更加精彩。

用阅读记录卡的形式，记录暑假期间你读过的一篇文章或一本书吧！

阅读记录卡

书 名：

文 章：   作者：

阅读时长：   来源：

优美词汇：＿＿＿＿＿＿＿＿＿＿＿＿＿＿＿＿＿＿＿

＿＿＿＿＿＿＿＿＿＿＿＿＿＿＿＿＿＿＿＿＿＿＿＿＿

精彩句段：＿＿＿＿＿＿＿＿＿＿＿＿＿＿＿＿＿＿＿

＿＿＿＿＿＿＿＿＿＿＿＿＿＿＿＿＿＿＿＿＿＿＿＿＿

＿＿＿＿＿＿＿＿＿＿＿＿＿＿＿＿＿＿＿＿＿＿＿＿＿

＿＿＿＿＿＿＿＿＿＿＿＿＿＿＿＿＿＿＿＿＿＿＿＿＿

＿＿＿＿＿＿＿＿＿＿＿＿＿＿＿＿＿＿＿＿＿＿＿＿＿

阅读感悟：＿＿＿＿＿＿＿＿＿＿＿＿＿＿＿＿＿＿＿

＿＿＿＿＿＿＿＿＿＿＿＿＿＿＿＿＿＿＿＿＿＿＿＿＿

＿＿＿＿＿＿＿＿＿＿＿＿＿＿＿＿＿＿＿＿＿＿＿＿＿

学好语文，离不开阅读经典作品

有些书可以陪伴我们一生，也有些书是需要在适合的年龄阶段读的。每个人的阅读之路都是独一无二的，不同年龄阶段，适合阅读的书籍也不尽相同。

那么，我们在选择课外书时需要注意哪些问题呢？

1 根据年龄段选书

我们在市面上买课外书或者在图书馆看书时，书籍的封底一般会标注适读的年龄，我们可以根据自己的年龄来选择适合自己阅读的图书。

2 根据图书的品类选书

小学阶段：

多读虚构、幻想类作品和优秀的科普类作品。例如：

| 虚构类作品： | 《彼得兔的故事》《宝葫芦的秘密》 |

| 幻想类作品： | 《怪物雅克》《洋葱头》 |

| 科普类作品： | 《物理大爆炸：飞行器》《有趣的制造》 |

如果你正处于小学阶段，写一写最近半年中，你读过哪些虚构、幻想类作品和优秀的科普类作品吧！

中学阶段：

多读人文社科、历史、科幻类作品。例如：

人文社科类作品：《红星照耀中国》《中国故事到中国智慧》

历史类作品：《少年读史记》《给孩子的中国通史》

科幻类作品：《球状闪电》《太空漫游四部曲》

如果你正处于中学阶段，写一写最近半年中，你读过哪些人文社科、历史、科幻类作品吧！

分享，让语文更有趣

独读书不如众读书，读完书后的分享，不仅能让我们巩固书中的知识，还能让我们有情感上的交流和学问上的切磋，多人友好携手共进，快意人生实当如此。

因此，语文不仅是简单的"默写、组词、造句、归纳段落大意、写中心思想"，还应当继续往下深挖，有所思索，有所输出，有所进益。而分享，就是其中最棒的输出了。

接下来，找一本你近期看过的书籍，分享给大家吧!

阅读分享技巧

阶段	步骤
开场吸引注意	为何要推荐这本书，作者是谁，创作背景如何
讲好一个故事	分享本书的主要内容，讲好故事更容易吸引人
结尾抛出问题	提出开放性问题，引人思考
深入探讨	和听众深入探讨问题，并思考解决之道
升华主题	将书中的内容与实际生活相结合

在生活中学习语文

　　"生活是语文的源泉，语文是生活的镜子。"语文中的大量素材都源于现实生活，比如四年级语文课文《观潮》，作者只有亲自观察了钱塘江的潮水才能写出如此有气势的文章。

　　还有＿＿＿＿＿＿＿＿＿＿＿＿＿＿＿＿＿＿＿＿＿＿＿＿＿＿＿＿＿＿＿＿＿＿＿＿＿＿＿

＿＿

＿＿

　　我们在学习《观潮》这篇课文时，联系自己过往的生活经验进行联想和想象，甚至亲自去钱塘江看一看，才能真正体会作者文字中的美好。

　　其实，语文中的很多问题，都需要通过观察生活、体验生活才能解决。比如写一篇关于春天的作文，你需要仔细观察春天、体会春天，才能写出有温度的文字。

　　"所以，生活的世界就是语文的世界，生活的范围就是语文的范围。"

李小涛

　　"那我们应该把生活中的乐趣注入到语文中，这样学起语文就更轻松了。"

沈小月

峰哥智慧锦囊

01 阅读是提升语文素养最有效的方式。

02 阅读并不会在短期内或几年内就看到明显或直接的效果，需要我们长久地坚持。

03 语文离不开生活，没有了生活，语文也就失去了用武之地。

04 多读自己感兴趣的故事书，相信你会越来越喜欢语文。

今日复盘

复盘不仅是为了找到错误，还是为了不再犯错

我今天学习了：

其中最重要的是：

我知道了：

我仍有疑惑的是：

我计划：

今日情绪监测表

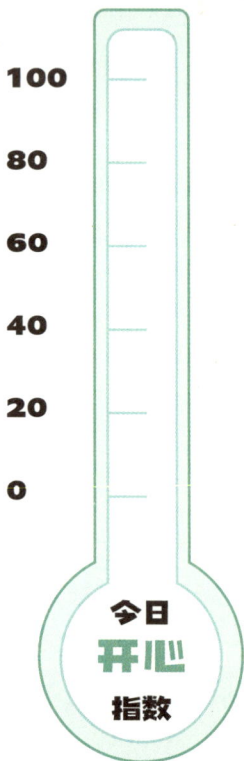

100
80
60
40
20
0

今日
开心
指数

让你满血复活的3句话

明日晨读

时间	科目	晨读内容	效果评估 （待明日完成后评估）

226

明日计划

按ABC分类	起止时间	今日事项，要事第一 重要程度：A类>B类>C类	执行细则	完成 打√

上午

下午

晚上

历史名师

读历史，学思辨，做一个真正的明白人

Day16

谈到历史，你首先想到了什么？

"报告！我想到了中国古代最魔幻的一段历史——王莽篡权。王莽毒死了汉朝的最后一位皇帝——汉平帝，并自封为皇帝。"

我可是有传国玉玺的哦！正统的呢！

杜菲菲

这江山还得是我刘邦的，和你项羽可没什么关系！

"我想到了楚汉之争。项羽和刘邦打仗，最后项羽输了，刘邦建立了汉朝。"

李小涛

"我想到了三国时期的诸葛亮，他非常聪明，谋划了很多有名的军事事件，比如草船借箭、空城计……还有……嗯，反正很多事件都是因为有他出谋划策，才取得了胜利。"

我可是个大聪明！

沈小月

"谈到历史，大家都会想到某个具体的历史事件或者历史人物，这为之后系统地学习历史打开了一扇趣味之门。"

王老师

学习历史会遇到哪些困惑？

王老师

"当你们读一些历史故事时，会有什么困惑吗？"

沈小月

"总感觉历史很遥远，远得难以触及，和当下产生不了联系。"

杜菲菲

"历史会涉及到很多年代，经常分不清楚。"

李小涛

"很多历史事件都会谈到政治、经济和文化，感觉特别抽象。"

王老师

"以史为鉴，可以明智。历史就像一面镜子，如果能通过有趣的方式学习历史，我们可以汲取不少古人的智慧呢！"

李小涛

"那我想要了解一些有趣的学习历史的方法，等到了初中、高中，学起来就更轻松了。"

从日常生活寻找历史的影子

"小月说，历史很遥远，现在看看你们手中的课本，想想它是什么做成的？它原来就是这个样子吗？"

"课本是用纸做的，但它原来不是这样的。距今三千多年的殷墟甲骨文是在龟甲兽骨上刻写的。"

沈小月

"东汉时期的一件草书作品《永元器物簿》是在简牍上写的，也就是在竹简和木片上完成的。"

杜菲菲

"长沙出土的马王堆汉墓帛书是西汉时期的，上面的文字都记录在黄褐色的丝帛上。"

李小涛

殷墟龟壳甲骨文

东汉草书简牍
《永元器物簿》

马王堆汉墓帛书

用

"原来生活中的物品都蕴含着一段历史，那我要找一找资料，看看笔有什么历史，桌子有什么历史，台灯有什么历史……"

沈小月

在故事中解锁历史的趣味

王老师

"学习历史时，我们会遇到不同的历史故事，包括政治故事、战争故事、英雄故事、名人故事等，它们和寓言故事有什么区别呢？"

VS

寓言故事

1 虚构的

2 描写动物、植物或其他虚构的角色来代表人类的行为和品质

历史故事

1 真实的

2 描述历史上的重要事件、人物和文化

关于"纸"的名人故事：

蔡伦出身在一个铁匠之家，从小就对冶铁、织布等生产工艺非常感兴趣。后来，蔡伦掌管尚方（主管皇宫制造业的机构）以后，大幅度改进制作工艺，制造的刀、剑等器物达到了当时技术的顶峰。在制作各种器物的同时，蔡伦开始琢磨改进造纸术。

当时的纸张非常粗糙，蔡伦在总结前人经验的基础上，以树皮、麻头、破布、旧渔网为原料，经过无数次试验，最终制造出更为轻便、成本低廉的纸张，被称为"蔡侯纸"。

历史故事中的哲思

想一想，为什么是蔡伦改进了纸张？这与他个人的什么特质有关？

"蔡侯纸"的发明，不是蔡伦的一时兴起，而是他积年累月的学习和勇于创新的结果。

想一想，蔡伦改进纸张的故事，给了我们怎样的启示？

也许我们不会像蔡伦一样需要改进纸张，但在处理自己当下的问题时，可以像蔡伦一样，保持不断学习的动力，拥有敢于创新的勇气。

"菲菲说，历史太杂乱了，总是把事件的年代记混；小涛说，历史很无趣，政治、经济和文化都很抽象。想解决这两个问题，我们有什么好的办法吗？"

王老师

将具体事件放到历史的轴线上

历史课本上的事件描述：

"蔡侯纸"的发明，是发生在东汉时期的事件，对我国经济、文化产生了重大影响。

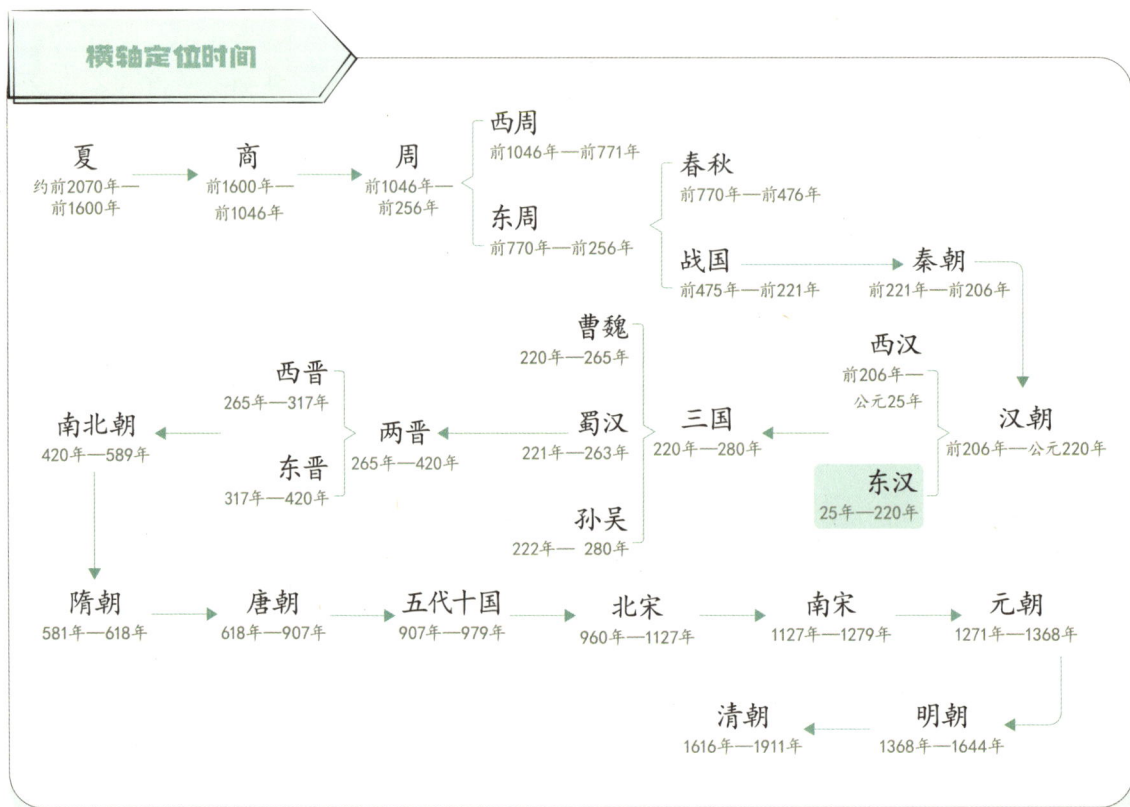

横轴定位时间

夏　约前2070年—前1600年　→　商　前1600年—前1046年　→　周　前1046年—前256年

西周　前1046年—前771年

东周　前770年—前256年

春秋　前770年—前476年

战国　前475年—前221年　→　秦朝　前221年—前206年

西汉　前206年—公元25年

东汉　25年—220年

汉朝　前206年—公元220年

曹魏　220年—265年

蜀汉　221年—263年

孙吴　222年—280年

三国　220年—280年

两晋　265年—420年

西晋　265年—317年

东晋　317年—420年

南北朝　420年—589年

隋朝　581年—618年　→　唐朝　618年—907年　→　五代十国　907年—979年　→　北宋　960年—1127年　→　南宋　1127年—1279年　→　元朝　1271年—1368年

明朝　1368年—1644年

清朝　1616年—1911年

"如果把'蔡侯纸'的发明放到历史的轴线上，你会有怎样的感受？"

王老师

"更直观地感受'蔡伦造纸'在古代中国发生的时间。"

杜菲菲

纵轴明确影响

蔡伦造纸的影响

政治上 ➤ 巩固了封建统治，加强了中央集权

经济上 ➤ 推动了手工业和商业的发展

文化上 ➤ 有助于古代文化的保存和流传

杜菲菲

"为什么会有这样的影响？"

"从蔡伦改进后的纸张本身找找答案。"

王老师

杜菲菲

"纸张轻便、易折叠，便于进行思想宣传，更利于统治者的统治。"

"纸张便宜，实用性强，生产需要很多劳动力，所以在经济上推动了手工业和商业的发展。"

李小涛

沈小月

"纸张方便书写和记录，所以有助于文化的保存与流传。"

"这样来看，历史事件的作用和影响最好不要死记硬背，要从事件本身的特点入手，理解了就好记忆了。"

杜菲菲

历史记忆的深化是一个循序渐进的过程，当我们在脑海中构建出清晰的历史发展脉络图，历史的学习将变得更为简单易懂。

画出你学习过的一个朝代中历史事件的纵轴图，并给朋友或者父母讲讲吧！

纵线发展图

"一千个人眼中有一千个哈姆雷特。"历史也是千人千面的,不同的人看待同一段历史,也会得出不同的结论。

王老师

"想一想:蔡伦为什么要改进纸张,用原来的书写材料——木简、丝帛不好吗?"

"木简太笨重了,携带不方便;丝帛很昂贵,平民用不起。所以特别需要一种更实用的书写材料。"

沈小月

"东汉时期的文化很繁荣,知识得到了大量普及,人们对书写材料的需求会很大。"

杜菲菲

"蔡伦对造纸术很感兴趣,研究起来就会特别有动力。"

李小涛

○ 找一个你感兴趣的历史问题,和同学们交流一下各自的观点,然后写在下面的表格中吧!

历史问题:

同学A:

同学B:

同学C:

峰哥智慧锦囊

01 历史是教人思考的，不是教人死记硬背的。

02 针对具体的历史事件，我们要知其然，也要知其所以然。

03 读历史就是读自己，就是凝聚出生活中的"常道"。

04 学习历史，我们要学会培养独立思考的能力，形成自己的历史思维。

今日复盘

复盘不仅是为了找到错误，还是为了不再犯错

我今天学习了：

其中最重要的是：

我知道了：

我仍有疑惑的是：

我计划：

今日情绪监测表

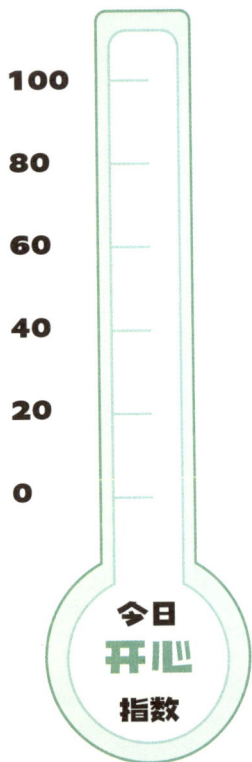

100
80
60
40
20
0

今日
开心
指数

3件美事

让你满血复活的3句话

明日晨读

时间	科目	晨读内容	效果评估 （待明日完成后评估）

明日计划

按ABC分类	起止时间	今日事项，要事第一 重要程度：A类>B类>C类	执行细则	完成 打√

上午

下午

晚上

科学名师

星空浩瀚无比，探索永无止境

Day17

你怎么理解科学呢？

王老师： "科学，无处不在又神秘莫测。我们每天会接触到哪些科学知识呢？"

李小涛： "早上起床，阳光洒进房间时，就有光线的传播和折射的科学知识。"

沈小月： "我们用的牙膏、洗面奶、沐浴露和洗发水，它们的成分和配方背后都有科学的原理。"

杜菲菲： "我们出去郊游时关注的天气预报，也是科学的产物。"

你还知道哪些科学现象或科学道理呢？请在下面写出来吧！

总结一下，科学能让我们更好地了解世界、发现世界的奥秘。利用科学知识，不仅可以解决问题，还可以进行创新和发明。是不是觉得很神奇？

生活中有趣的科学现象

王老师

"科学的乐趣在于探索未知，而好奇心是科学研究的起点和驱动力。你们知道生活中一些现象蕴含的科学道理吗？"

铅笔怎么断了？

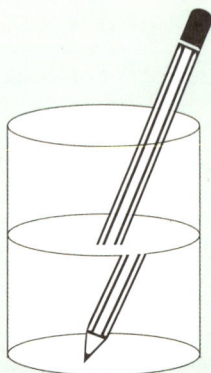

"铅笔放到水里，怎么断成两截了？"

王老师

"这就涉及到光的折射原理啦！光从水中传播到空气中时发生了折射，使得筷子的图像在我们眼中发生了偏移。"

李小涛

"实际上，铅笔并没有断对不对？"

沈小月

"那当然，这只不过是光线在和我们开玩笑啦！"

杜菲菲

我国古代很早就有人注意到光的反射现象,《墨经》中说:"景日之光反烛人,则景在日与人之间。"意思是:当日光经过平面镜反射再照射人体时,人影就会出现在太阳和人之间。

折射现象被人们发现得也很早,但科学家们摸索出折射定律却没那么容易。自公元1世纪起,科学家们便开始研究光的折射现象,到1620年前后,荷兰数学家斯涅耳发现折射定律,再到之后很多科学家不断完善探索,光的折射定律才呈现在人们面前。

了解了光的折射现象, 和爸爸妈妈讨论一下彩虹是怎样形成的吧!

两个小朋友走路碰到了，静电电击到其中一个小朋友。

李小涛

"天哪！他们两个身上有电！这真是太危险了。"

"真是大惊小怪。这是静电啊！晚上脱衣服的时候，经常有'噼啪噼啪'的小火花呢！"

沈小月

李小涛

"这种'静电'是哪里来的呢？"

"这是因为衣服之间摩擦产生了静电荷，当电荷积累到一定程度时就会放电。"

沈小月

　　人体静电是指人的身体上的衣物等相互摩擦产生的附着于人体上的静电。穿化学纤维制成的衣物就比较容易产生静电，而棉制衣物产生的静电就较少。而且由于干燥的环境更有利于电荷的转移和积累，所以冬天人们会觉得身上的静电较大。

　　在干燥的季节，人体静电可达几千伏甚至几万伏。不过同学们也不用担心，静电的电压虽然高，但电荷量很小，基本不会产生危险。实验证明，静电电压为 5 万伏时，人体没有不适的感觉，就算带上 12 万伏高压静电，人体也没有生命危险。

下面哪种情况下容易产生静电呢？

游泳时　　　　　脱外衣时　　　　　走路时　　　　　下雨时

王老师

"我们身边的科学道理有很多。谁能说清楚回声和磁铁所蕴含的科学道理呢？"

李小涛

"我知道！回声是因为声波在传播过程中，遇到了大的障碍物，返回就形成了回声。"

王老师

"那你在哪里听到过回声呢？"

李小涛

杜菲菲

"磁铁原子的内部结构比较特殊，能够产生磁场，具有吸引铁磁性物质的特点。地球就是一块巨大的磁铁。"

王老师

"你在生活中见过哪些磁铁呢？"

杜菲菲

小提示

1.人耳能辨别出回声的条件是反射声具有足够大的声强，并且与原声的时差需大于0.1秒。当反射面的尺寸远大于入射声波长时，听到的回声最清楚，即相隔17米时。

2.磁铁不是人发明的。中国人发现自然界中有种天然磁化的石头，称其为"吸铁石"。这种石头可以魔术般地吸起小块的铁片，而且在随意摆动后总是指向同一方向。因此，中国的航海家就用这种磁铁在海上来辨别方向。

你知道哪些科学家呢？

"在探索科学的路上，有一个非常重要的角色，那就是科学家。科学家们拥有不断追求真理的勇气和伟大的精神，他们通过科学实验和研究，对未知领域不断探索，推动了人类社会的进步和发展。"

王老师

⭐ 中国有一位科学家叫祖冲之，他算出圆周率（π）的真值在 3.1415926 和 3.1415927 之间，成为世界上第一位将圆周率值计算到小数点后第 7 位的科学家。

⭐ 有一位叫屠呦呦的中国当代科学家，她几十年如一日地致力于中医药研究实践，带领团队攻坚克难，最终发现了青蒿素，解决了抗疟治疗失败的难题，为中医药科技创新和人类健康事业作出巨大贡献，并获得了诺贝尔生理学或医学奖。

⭐ 有一位叫居里夫人的科学家，她是世界上第一个获得过两项诺贝尔奖的人。她研究了放射性现象，发现了镭和钋两种元素。

你还知道哪些科学家呢？他们都做出了怎样的贡献呢？

我们要以什么样的态度学习科学?

"我们要充满好奇,在习以为常的小事情中,探索背后的大乾坤。牛顿小时候看到苹果熟了掉下来,就很好奇。他想,苹果为什么是往下掉,而不会往天上飞呢?后来,他终于发现了万有引力定律。"

李小涛

"没错。但是,只靠好奇,能学习到真正的科学吗?"

王老师

"还需要坚持。袁隆平爷爷为了做农业科学研究,让所有人远离饥饿,几十年如一日地研究杂交水稻技术,实现了水稻的高产梦。"

杜菲菲

"我见过几位科学家,我觉得他们身上有和我们一样的'孩子气',就是想要'搞明白一件事情'的纯粹。他们学习科学不是为了升官发财,而是真正对知识本身感兴趣,对真理本身有热情,对探索宇宙万物有冲动。"

沈小月

"大家说得都非常好,此外我们也别忘记最基本的态度,就是严谨求实、实事求是、敢于批判、敢于质疑。"

王老师

此外,你觉得学习科学还需要有什么样的态度和精神呢?

探索科学的神奇之处

科学就像是一个资源丰富的大宝箱,里面装满了各种各样的知识和答案。我们通过学习和做实验,就可以打开这个宝箱,找到我们想知道的答案。

以下是两个有趣的科学实验,你可以和爸爸妈妈一起尝试,也可以试着自己独立完成。

水的幻觉

准备材料

一杯水　　　　一张纸　　　　画笔

实验步骤

1.在纸上画两个箭头

2.将装满水的玻璃杯移动到箭头前

3.箭头翻转过来啦

实验原理

装满水的玻璃杯的截面中间厚、四周薄,就像一个凸透镜。玻璃杯经过箭头时,如同通过凸透镜看对面的画面,此时形成的像便是相反的。

纸杯投影仪

准备材料

纸杯　　　剪刀　　　透明胶带　　　黑色画笔　　　手电筒

实验步骤

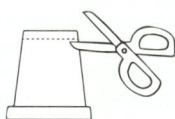

1.用剪刀把纸杯底部剪掉　　　2.用胶带把纸杯底部封起来　　　3.在胶带上画喜欢的图案

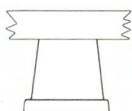

5.关掉灯,把影子投映到墙上吧　　　4.把纸杯口扣在手电筒灯光上

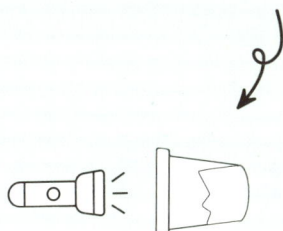

实验原理

　　光照射到杯底透明部分时,可以顺利通过并继续沿直线传播;光照射到我们画的图案时,则无法顺利通过。与周围环境一对比,墙上就会形成与图案相同的阴影,也就是我们看到的投影。

创造属于自己的科学学习日记

写科学学习日记是一个很好的习惯，可以帮助我们记录下学习过程中的点滴进步和有趣的发现。

我的科学学习日记

记录人 _____   日期： ___年 ___月 ___日

天气 ☁ ☀ ⛅ ⛈ ☁

我的实验材料

我的猜想

我发现了什么

我遇到的问题

峰哥智慧锦囊

01 我们的大脑遵循用进废退的原则，越去探索越能发掘到丰富的潜能。

02 科学的世界是无穷无尽的，充满了未知和惊奇，需要我们不断去探索。

03 只有认真观察，才能发现科学的奥秘和规律。

04 培养科学思维不仅是提升学习能力和创新能力的关键，更是适应未来和引领科技发展的基石。

今日复盘

复盘不仅是为了找到错误，还是为了不再犯错

我今天学习了：

其中最重要的是：

我知道了：

我仍有疑惑的是：

我计划：

今日情绪监测表

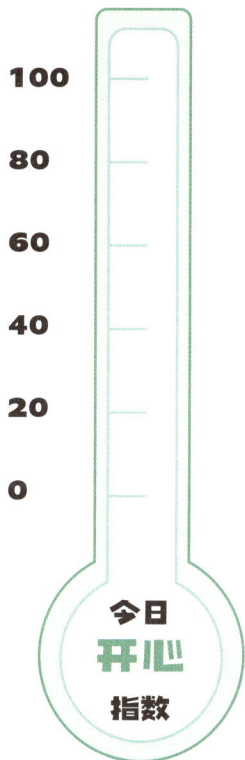

100
80
60
40
20
0

今日
开心
指数

3件美事

让你满血复活的3句话

明日晨读

时间	科目	晨读内容	效果评估 （待明日完成后评估）

明日计划

按ABC分类	起止时间	今日事项，要事第一 重要程度：A类>B类>C类	执行细则	完成 打√

上午

下午

晚上

运动名师

小身体，大能量，增强体质，锤炼意志

Day18

李小涛妈妈

"妈妈出去一下。你已经在家里待了一天了，要不要下楼溜达一会儿？"

李小涛

"妈妈，您看我作业已经写完了。我想先看会儿电视，休息一下。"

李小涛妈妈

"那就看半个小时吧。看完出去跑跑步，别整天待在家里。"

李小涛

"知道了，您快去吧！"

"小涛，你怎么还在看电视？"

李小涛妈妈

"妈妈，我觉得好累啊，一点儿也不想下楼。"

李小涛

"唉，这就是看电视看多了。不仅没有休息好，还特别消耗精力，越看越累，这该怎么办呢？"

李小涛妈妈

李小涛的情况，相信很多小朋友都遇到过。好不容易有了可以自由支配的休息时间，总是迫不及待地打开电视、拿起手机，在动画片、短视频或电视剧中度过"快乐"的时光。当关掉电视、放下手机，好像更累了。

这是因为电视、手机给我们带来的快乐是短暂而虚幻的，当我们重回现实世界，自然就会感觉到空虚与厌恶。并且，长时间宅在家里，也会让我们的身体更加虚弱疲惫，更加不愿意走出去运动。

运动是本能，生命的意义在于运动

大家都知道，人是由古猿进化而来的，进化的过程就离不开运动。那时候，我们的祖先没有可以克敌制胜的武器，多是依靠强健的体魄来采集食物、狩猎动物。也只有最强壮、最擅长运动的人，才能在恶劣的自然环境中生存下来。

"我们的祖先需要运动才能获取食物，但是我们现在已经不用再采集、狩猎了啊！所以，我也不需要运动了吧？"

李小涛

"我们虽然不需要再像祖先一样辛苦狩猎，但人的身体结构还是一样的。你看这个同学，只吃不运动，非常不健康。还有的同学，看电脑和手机的时间太长，眼睛都近视啦！"

王老师

运动让我们更专注

"小月，平时咱俩都是一起上课、一起写作业，可是每次你都比我写得快、得分高，这是为什么呢？"

杜菲菲

"菲菲，每次写作业的时候，你是不是总爱看看这儿、摸摸那儿，一会儿削铅笔、一会儿找橡皮？"

沈小月

"是啊。可是这和成绩好有什么关系呢？哦，我知道了，就是因为你上课和写作业的时候特别专注，所以成绩才会好！可是很多时候，我会不自觉地走神儿，有什么保持专注的好办法吗？"

杜菲菲

"我想这和我长期保持运动有很大的关系。"

沈小月

"小月说得非常对，运动对学习确实有很大帮助。简单来说，运动就像一个'充电宝'，运动的过程会让大脑储藏更多的能量。当你的大脑始终处于'满电'状态，自然就不容易走神儿，也不容易疲劳，学习效率也就变高了。"

运动让我们的心情更愉悦

杜菲菲
"每次考试前，我都会特别焦虑，这也是我成绩不好的原因之一。"

沈小月
"所以，你要更加重视运动，因为它可以让你的心情更放松！"

💡 **想一想：运动和心情有什么关系呢？**

　　运动可以让我们的大脑更兴奋，让心情变得振奋和愉悦，不容易被外界的负面情绪所影响，比如考试压力、被老师批评等。更有趣的是，运动还能够增强思维能力和记忆力，提高新陈代谢，促进血液循环，降低血压，让我们的情绪更稳定，不会"一点就炸"。

选择一项适合自己的运动

面对多种多样的运动项目，我们常常感到困惑和无从选择。在运动前，我们要先了解自己的身体状况和健康目标，比如身高、体重、体脂率等，有针对性地选择适合自己的运动项目。

不同的时间段，分别适合什么类型的运动？

时间	运动类型	运动目的及收益	运动项目
早上 (7:00~9:00)	有氧运动	早上头脑清醒，精力充沛。轻缓的有氧运动能平衡身心压力，及时安抚焦虑不安的心情。我们可以选择河边或公园中散步、慢跑或骑行，一边运动一边欣赏美景。每次运动尽量超过30分钟，每周运动3~4次。这有助于增强大脑的学习功能，让注意力变得更加集中。	散步、慢跑、全身拉伸、骑自行车等
下午 (14:00~16:00)	无氧运动	这个时段的人体处于一种内部器官活跃的状态，体力和耐力较强，是突破训练瓶颈期的最佳时间段。可以根据自身的情况，进行一些大重量的力量训练。无氧运动会让大脑皮层神经一直处于兴奋状态，可以使观察力变得更加敏锐，思维更加清晰，同时也能增强思维能力和记忆力，促进血液循环，提高新陈代谢，帮助舒缓压力。	硬拉、卧推等
傍晚 (17:00~19:00)	有氧运动 + 无氧运动	傍晚人体机能和器官运作能力达到峰值，是增肌的黄金时间。	深蹲、跑步等
晚上 (20:00~21:00)	有氧运动	晚上运动有助于缓解压力和久坐产生的肌肉僵硬和酸痛，同时有助于肠胃对晚餐的消化，防止脂肪堆积，还有助于睡眠，能提高睡眠质量。	散步、慢跑、全身拉伸、骑自行车等

暑假期间不躺平

暑假时，你有充裕的时间进行运动，现在来回顾一下在《追梦少年：暑假21天训练营》期间，你在运动方面已经做了哪些努力吧！

运动集中的时间段	运动项目	运动后的状态
早晨7:30~8:10	跑步30分钟+拉伸10分钟	神清气爽，整天都很有活力；完成暑假作业时更专注、效率更高
下午20:30~21:00	散步30分钟	睡眠质量变高

○ 后续可以优化的部分

例如：增加运动项目，如跳绳、打篮球……

加入运动小组

大家都已经看到你坚持运动的决心和毅力了！但凡事过犹不及，运动也一样。不能盲目追求强度、消耗体力，而是贵在坚持，做到每天进步一点点。

运动本身充满了乐趣，如果能参加一个运动小组进行结伴运动，你会收获很多不一样的体验。

结伴运动有哪些好处？

01

和伙伴相互鼓励与督促，帮你保持锻炼的积极性和持续性。

02

和伙伴相互比较和纠正，比如踢足球、打篮球，能改善运动技术，提高体能。

03

和伙伴们交流，有助于释放压力、改善心情。

04

有助于增强团队合作能力，和伙伴们建立更深层次的友谊。

你想参加哪个运动小组呢？如果下面两个小组你都不想参加，可以加入一个更有趣的小组哦！

足球小组

参加人员	
时　间	
地　点	
形　式	趣味足球赛

跳绳小组

参加人员	
时　间	
地　点	
形　式	双人跳绳比赛、单人跳绳比赛、花式跳绳

运动进阶计划

前面我们提到小月的学习成绩好，与她长期坚持运动有很大的关系。如果你还没有养成持续运动的习惯，别急，我们一起来制订一个运动进阶计划吧！

如果步行1小时后，还有力气聊会儿天，那么就可以提升到中等强度的运动。

从轻度运动开始，养成运动习惯——步行

每天步行1小时，长期坚持，行走的距离自然而然就会增加，体形也能逐渐得到改善。在这个运动强度下，储存的脂肪转化成了能量，由此开始促进新陈代谢。

免疫系统：人体的天然防线，从抵御感冒到对抗癌症等进行全方位守护。

中等强度的运动，让大脑更强壮——慢跑

慢跑时，身体会由单纯燃烧脂肪转变成燃烧脂肪和葡萄糖。这时你的思维会更活跃，免疫系统也会更强大，身体产生的心钠素，会让你感到轻松和平静，和压力说拜拜！

不要为了追求快跑而忽视了自身的承受能力哦！

强烈运动训练，大幅提升生长激素浓度——快跑

快跑时，身体的代谢方式从有氧转变成无氧。进入无氧状态时，人体就会分泌出人体生长激素。这种激素除了能燃烧腹部脂肪，还可以增加大脑容量，让你的学习效率得到明显提升。

峰哥智慧锦囊

01 运动不仅能让人变得更加乐观，还能让我们的头脑变得更加灵活。

02 运动应该像吃饭、睡觉一样，成为我们生活的一部分。

03 身体的健康是学业成功的关键。

04 很多想不清楚的问题，在运动时或许能产生灵感。

今日复盘

复盘不仅是为了找到错误，还是为了不再犯错

我今天学习了：

其中最重要的是：

我知道了：

我仍有疑惑的是：

我计划：

今日情绪监测表

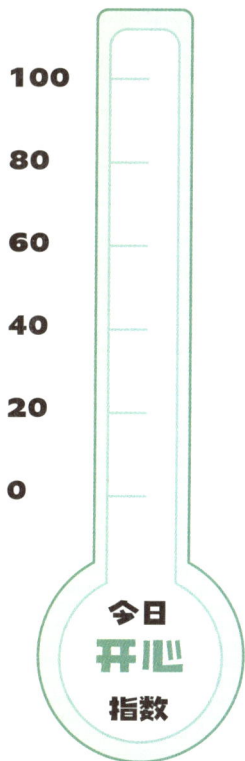

100
80
60
40
20
0

今日
开心
指数

让你满血复活的3句话

明日晨读

时间	科目	晨读内容	效果评估 （待明日完成后评估）

明日计划

按ABC分类	起止时间	今日事项，要事第一 重要程度：A类>B类>C类	执行细则	完成 打√

上午

下午

晚上

国际名师

拓展国际视野，收获多元世界观

Day19

日本排放核污水引发的思考

王老师： "同学们，大家关注日本核污水排放的新闻了吗？"

李小涛： "我看到的最新消息是，2024年4月19日，日本将正式开始排放第五批福岛核污染水，将持续到5月7日。"

沈小月： "日本国内外的民众都在抗议核污水排海，但日本政府和东京电力公司根本无视大家的怒火，还要执意排放！"

杜菲菲： "福岛核电站的核废水预计4月20日会漂洋过海到达浙江，紧接着4月25日就到上海，然后一路北上，山东、辽宁这些沿海地方都跑不掉。"

李小涛： "专家说不出10年，全球的水域都会受到影响。我们每个人都可能是这场无声灾难中的潜在受害者。"

沈小月： "日本核污水排放的行为太不正当了，既伤害了邻国利益，又损害了全人类的共同利益。"

王老师： "我们要对国家处理核污水的问题有信心。就我们个人而言，记得注意饮食健康和卫生，避开辐射区域，避免摄入可能受到污染的食材和水源……"

任何一个国家的问题，都可能成为全球问题，影响到我们每个人的健康与安全。从全球或更广阔的角度观察一件事，我们可以更深刻地了解到问题的本质。

看世界，也要参与世界

王老师： "有了国际视野，我们更好地理解世界的多样性。除此之外，大家想想，提升国际视野还有什么其他的意义？"

沈小月： "拥有国际视野可以拓宽我们的知识领域。现在我们都在学习英语，就可以了解英语国家的文化，比如可以欣赏英国莎士比亚的戏剧，美国好莱坞电影，加拿大和澳大利亚的音乐和舞蹈……"

李小涛： "拥有国际视野还能够让我们和国际友人很好地交流，了解他们的想法和行为，如果以后我去跨国公司工作，应该能和大家合作得很愉快。"

杜菲菲： "通过了解和体验不同的文化和生活方式，我应该会更加成熟和有同理心。"

所以，身为新时代的青少年，我们应该积极地拓宽自己的国际视野，提升自己的国际素养，更好地适应全球化时代的新要求，让自己成长得更优秀！

知识

分析当地、全球和跨文化问题

理解和欣赏他人观点和世界观

技能

价值观

为集体福祉和可持续发展采取行动

不同文化背景的开放、得体和有效互动

态度

PISA全球素养结构

"家庭模拟联合国"，让我们的国际思维更活跃

★你了解联合国这个国际组织吗？

联合国是在第二次世界大战后于1945年成立的一个由主权国家组成的政府间国际组织。它就像一个大家庭，把全世界很多不同的国家聚集在一起，帮助各个国家之间友好相处，一起解决世界上遇到的问题。

★"家庭模拟联合国"怎么玩？

规则:家庭中的每个人都扮演一个国家的外交官，在家庭模拟联合国会议上，外交官将站在扮演国的立场、利益和现有政策的角度上，针对本国当前存在的问题提出需求。其他成员国将进行讨论、谈判和磋商，最终确认如何在全球化背景下，通过共赢的方式来解决问题。

家庭模拟联合国会议
—— 清洁的水资源

01 活动背景

水资源短缺在全社会范围内
引起涟漪效应

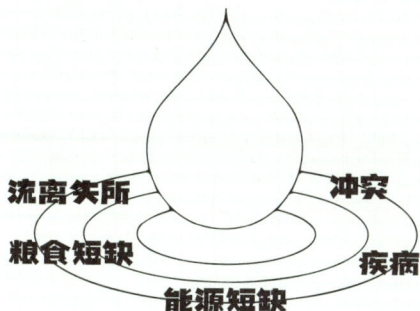

流离失所　　　　冲突
粮食短缺　　　　　疾病
　　能源短缺

02 参与角色与代表国家

李小涛爸爸:印度外交官
李小涛妈妈:荷兰外交官
李小涛:中国外交官/主持人

03 活动准备

1.搜集关于水资源短缺的相关资料;
2.准备世界地图,标注出存在水资源短缺的地区;
3.准备自己所代表国家的水资源情况资料;
4.准备纸笔,用于记录讨论的内容和创意解决方案。

"水是生命之源，水能保护人类健康和福祉、生产能源和粮食、维持生态系统健康、适应气候、减贫等。可是全球四分之一的人口缺乏安全的饮用水；每年大约140万人死于水、环境卫生不良引发的疾病；每年有近30万名五岁以下儿童死于腹泻病；90%的自然灾害都与天气有关，包括水灾和旱灾。"

李小涛

"荷兰是一个水资源相对丰富的国家，但我们深知水资源的宝贵和脆弱。因此，荷兰政府一直致力于推动水资源管理和保护，通过科技创新和绿色发展等方式，提高水资源的利用效率和使用价值。同时，荷兰也积极参与国际水资源合作和交流，与各国分享经验和技术，共同应对全球水资源挑战。"

李小涛妈妈

"近年来，印度政府采取了一系列措施加强水资源管理和发展，包括建设水利工程、推广节水技术、加强水资源保护等。同时，印度也积极参与全球水资源治理和合作，为推动建立更加公正合理的国际水资源秩序作出了积极贡献。"

李小涛爸爸

"中国作为世界上最大的发展中国家，一直致力于解决全球性问题，包括水资源短缺问题。中国政府在推进生态文明建设的过程中，坚持节约优先、保护优先、自然恢复为主的方针，加强水资源保护和管理，努力实现水资源的可持续利用。"

李小涛

关于"家庭模拟联合国会议——清洁的水资源"的感悟

　　"古往今来,人类逐水而居,文明伴水而生。"大多数国家都在努力保护水资源、发展水文化。水,作为生命之源,不仅滋养着万物,更承载着深厚的文化底蕴。

　　对于中国来说,水文化更是源远流长,博大精深。从古代的江河治理,到现代的水利建设,水文化在中国历史长河中扮演着举足轻重的角色。它不仅是建设社会主义文化强国的重要组成部分,更是中华优秀传统文化的重要传承。

　　作为新一代的青少年,我们肩负着传承和发扬水文化的重任。我们应该积极学习水文化知识,了解水资源的珍贵和脆弱,树立节水意识,从身边小事做起,如减少浪费、合理利用水资源等。同时,我们还要积极宣传水文化,让更多的人了解并参与到水资源的保护中来。

　　此外,我们还可以通过参加各种与水文化相关的活动,如水利工程建设、水生态保护等,亲身感受水文化的魅力,增强对水文化的认同感和归属感。通过这些实践,我们不仅能够更好地传承和发扬水文化,还能够为建设社会主义文化强国贡献自己的力量。

培养国际视野，从日常生活做起

培养国际视野	可以这样做
关注国际新闻和时事，了解世界上发生了什么事	阅读国际新闻报道、观看国际新闻节目或订阅相关国际事务的博客和网站来获取信息。
学习一门外语	可以选择英语、西班牙语、法语等广泛使用的语言进行学习，通过学习了解不同国家的文化和历史。
参与国际交流活动	可以参加国际学生交流项目、志愿者活动或国际会议等，与来自不同国家和文化背景的人进行沟通与合作。
阅读书籍	阅读国际知名儿童文学作品、历史书籍、地理书籍等，了解不同国家的风土人情和文化特色。
观看国际影视作品	观看不同国家的电影、电视剧、纪录片等，了解各国的文化、社会和生活方式。
参观国际展览	参观国际艺术展览、文化展览等，了解不同国家的艺术和文化成果。

上面是一些基本的方法，可以帮助你拓宽国际视野。但这些方法并不是孤立的，可以相互结合，形成一个自我培养的综合方案。同时，拓宽国际视野是一个长期的过程，需要不断地学习和实践。

参加展览时，我们也要注意相关规定和礼仪，比如：

01 不要触摸展品，以免损坏或引发危险；

02 展览可能持续时间较长，我们可以根据自己的兴趣来合理安排参观时间；

03 可以提前了解展览的主题和内容；

04 许多国际展览都有"禁止拍照"的规定，我们要遵守展览规定，尊重版权和保护展品。

具备了全球视野、批判性思维和跨文化沟通能力，我们可以更好地理解和关心全球的问题和挑战，为解决全球性问题贡献自己的智慧和力量。

峰哥智慧锦囊

01 先要观世界，才有世界观。

02 学会站在全球或更广阔的角度上观察一件事，有利于培养我们的国际视野。

03 培养国际视野是让我们具备全球竞争力的关键。

04 在跨文化交流中，我们需要学会尊重和包容，能欣赏和接纳其他文化的差异。

今日复盘

复盘不仅是为了找到错误，还是为了不再犯错

我今天学习了：

其中最重要的是：

我知道了：

我仍有疑惑的是：

我计划：

今日情绪监测表

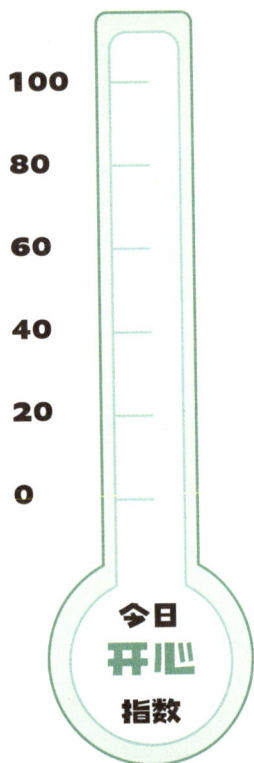

100
80
60
40
20
0

今日
开心
指数

3件美事

让你满血复活的3句话

明日晨读

时间	科目	晨读内容	效果评估 （待明日完成后评估）

按ABC分类	起止时间	今日事项，要事第一 重要程度：A类>B类>C类	执行细则	完成 打√

上午

下午

晚上

反思复盘

思考有深度, 表达有逻辑

Day20

"菲菲，我特别羡慕你，感觉你做事有主见，表达有逻辑。但我常常肚子里有很多话，到了嘴边，却不知道该怎么开口，就像被什么堵住了似的。"

沈小月

"谢谢你的夸奖，但是在重要的场合，比如演讲比赛时，我还是会因为太紧张而表达不清。"

杜菲菲

"你俩是在讨论表达能力的问题呀，它确实很重要。表达能力强，可以清晰准确地把我们的所思所想传递给别人；而表达能力差，就会出现你说了一大堆，别人却不知所云、毫无头绪的现象。"

王老师

2 一团乱麻的逻辑思维

4 脑子发蒙，接收到一堆杂乱的信息

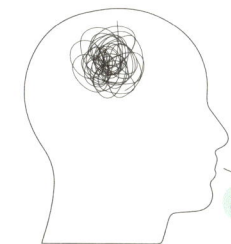

3 表达输出

无条理、无重点的内容

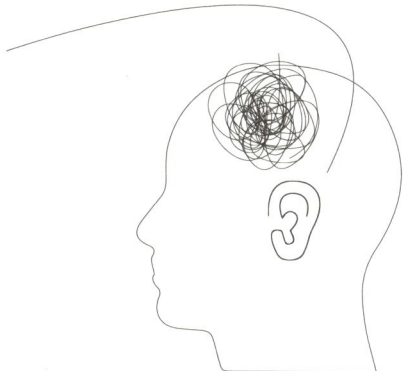

1 肚子里无货

想一想，你的表达能力怎么样？你会经常出现有很多想法想表达却表达不出来的情况吗？别人能不能听懂你的意思？

表达能力测试

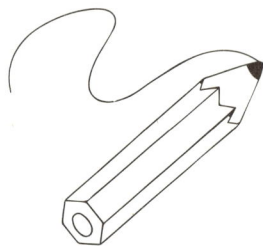

1 和爸爸妈妈一起，进行两个有趣的表达能力测试吧！它可以有效地帮助你了解自己的表达水平。

你说，爸爸妈妈来听	设定一个话题	比如 "我最喜欢的旅行目的地"
	限定时间	2分钟
	操作方式	尽量在规定的时间里，清晰、有条理地表达出你对这个话题的想法和感受。
	注意事项	表达的时候，尽量使用生动的词汇和形象的描述，让爸爸妈妈能够直接地理解你的想法。
你画，爸爸妈妈来看	设定一个话题	比如"快乐的一天"
	限定时间	3分钟
	操作方式	用画画的方式来表达这个主题。画完之后，请向爸爸妈妈描述自己的画作，并解释你是如何通过画面来表达这个主题的。
	测试目的	不仅可以展示你的绘画能力，还能帮助你了解自己是如何通过画面来传达情感和思想的。

画一画

2 完成后，可以让爸爸妈妈来给你打个分，看看你是否表达得清晰、连贯，有哪些地方可以改进。

衡量表达能力的几个重要标准

序号	评价标准	具体说明	打分 （0分为最低分，10分为满分）
1	清晰度	确保语言简洁明了，避免使用模糊或复杂的词汇。	
2	连贯性	好的表达应该具有内在的逻辑性，各个部分之间要紧密相连，形成一个完整、有条理的整体。	
3	准确性	确保所传达的信息是真实可靠的，避免误导他人或造成不必要的误解。	
4	生动性	通过使用生动的描绘、形象的比喻或富有情感的词汇，让听众更深入地理解和感受所表达的内容。	

当然，这些标准并不是孤立的，它们相互关联、相互补充，共同构成了我们衡量表达能力的综合指标。

深度思考是提升表达能力的关键

沈小月

"最近我妈妈总是批评我：'你动动脑子再说/做好不好？'我就纳闷儿了，怎么才算动脑了呢？我也是想了才说/做的啊！"

"我妈妈也会这样说我，觉得我说话做事不太过脑子。"

李小涛

王老师

"什么是'动脑子'呢？其实就是指深度思考。

在学习中，你非常勤奋地完成了老师布置的任务，但是成绩还是提不上去，这往往就是没有进行深度思考——想一想自己的学习习惯和学习方法哪里出了问题。

暑假期间，看到伙伴们报了各式各样的兴趣班，为了不落于人后，你也什么都想学，而没有好好思考一下为什么要学，只是为了和别人一样吗？"

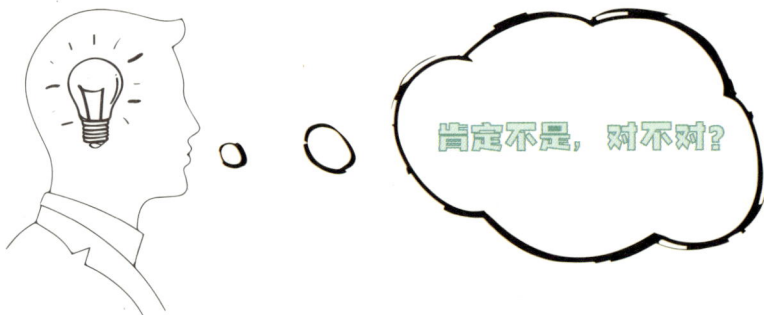

肯定不是，对不对？

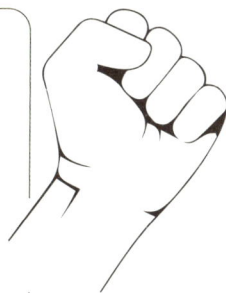

前面我们讲了很多关于学习、如何学习以及如何将学习付诸实践的内容，这都需要我们勤奋地耕耘，如果再加上深度思考的能力，相信我们在追求梦想的道路上会走得更远、更从容。

勤奋 →

深度思考 →

深度思考+勤奋 →

"那怎么锻炼自己深度思考的能力呢？"

沈小月

"很重要的一点，就是培养自己相关的思维习惯。以和同学们讨论周末的短途旅行为例，想一想，你打算怎么进行？"

王老师

深度思考的流程

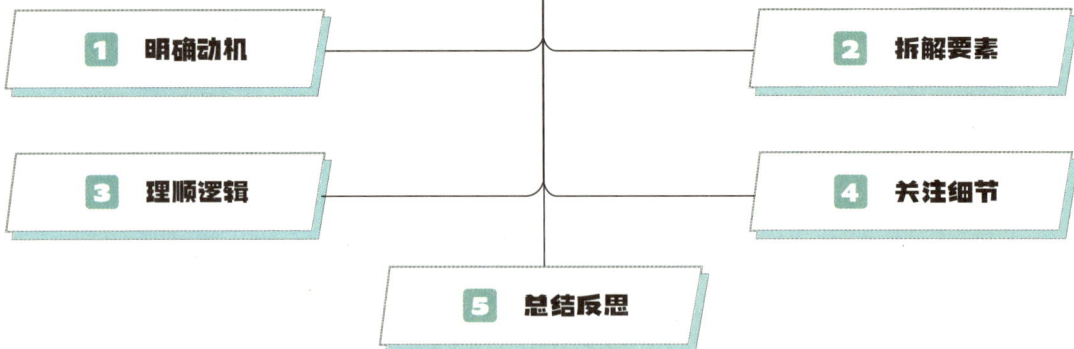

1 明确动机

2 拆解要素

3 理顺逻辑

4 关注细节

5 总结反思

和同学们讨论短途旅行的流程

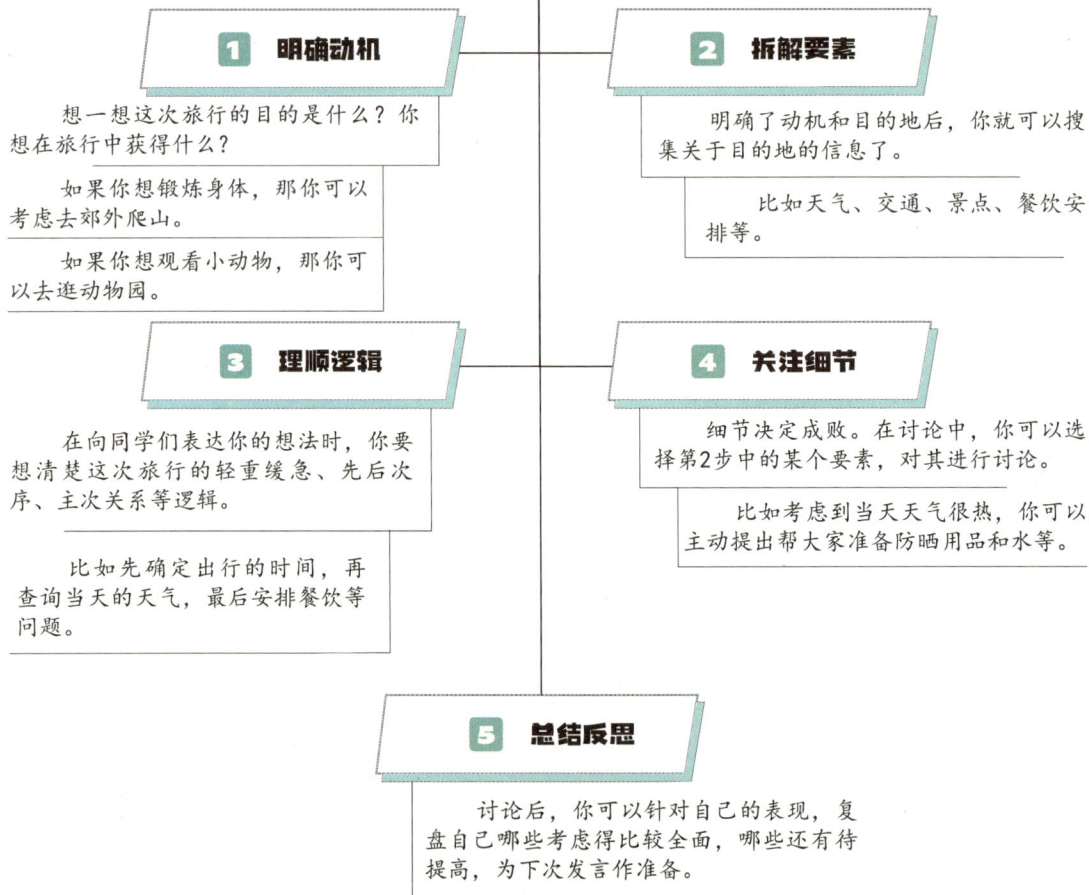

1 明确动机

想一想这次旅行的目的是什么？你想在旅行中获得什么？

如果你想锻炼身体，那你可以考虑去郊外爬山。

如果你想观看小动物，那你可以去逛动物园。

2 拆解要素

明确了动机和目的地后，你就可以搜集关于目的地的信息了。

比如天气、交通、景点、餐饮安排等。

3 理顺逻辑

在向同学们表达你的想法时，你要想清楚这次旅行的轻重缓急、先后次序、主次关系等逻辑。

比如先确定出行的时间，再查询当天的天气，最后安排餐饮等问题。

4 关注细节

细节决定成败。在讨论中，你可以选择第2步中的某个要素，对其进行讨论。

比如考虑到当天天气很热，你可以主动提出帮大家准备防晒用品和水等。

5 总结反思

讨论后，你可以针对自己的表现，复盘自己哪些考虑得比较全面，哪些还有待提高，为下次发言作准备。

"参与某个活动，我都能很积极地表达自己的想法，但有时候向别人陈述一个具体的看法时，我就表达不清晰。比如谈论一部电影，我总会说得乱七八糟的。"

沈小月

"那你可以根据金字塔原理进行思考和表达。"

王老师

金字塔原理

思考：
自下而上

表达：
自上而下

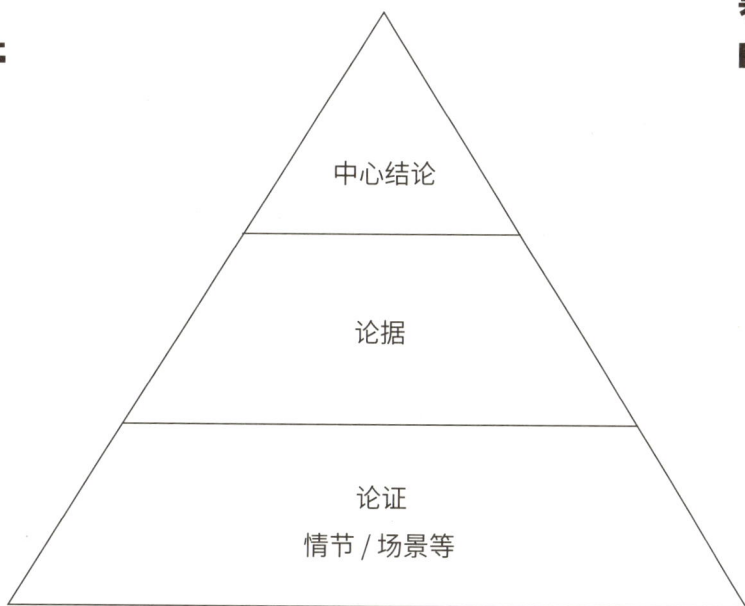

中心结论

论据

论证
情节 / 场景等

结论先行　　　　以上统下

归纳分组　　　　逻辑递进

293

沈小月

"看起来很复杂。"

"实践起来并不难，多重复几次就好。你在谈论电影的感受前，肯定会想到看电影时特别触动你的场景或情节，对这些场景或情节归类分组后，试着总结出一个或几个观点，对观点再次进行推演，最终得出中心结论。"

王老师

"哦，这是自下而上的思考方式。根据金字塔原理，我在表达的时候应该先说中心结论，再提供相应的观点（论据），最后分别用里面的场景和情节来论证。"

沈小月

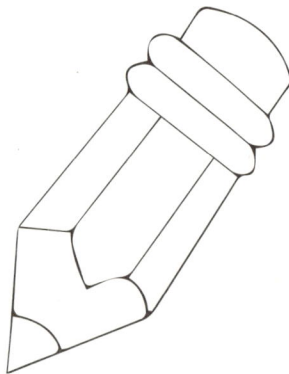

"是的，非常好。"

王老师

用金字塔原理讨论一部电影

《夺冠》是一部特别能给人力量, 激发人不断奋斗的电影。

这部电影讲述了中国女排从1981年首夺世界冠军到2016年里约奥运会生死攸关的中巴大战。

再次总结

中心结论

论据

论证

情节 / 场景等

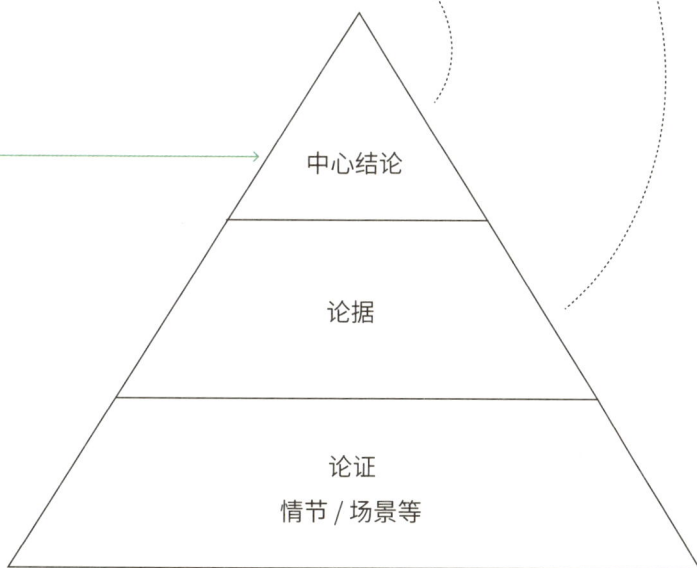

看完整部电影, 我深深地感受到了几代女排人历经浮沉却始终不屈不挠、不断拼搏的伟大精神, 我要努力向她们学习!

让我印象格外深刻的是1981年大阪世界杯决赛, 即使在有核心队员受伤、法国主裁判接二连三"误判"的情况下, 女排姑娘们依然一鼓作气, 艰难地战胜了东道主日本队, 以3:2结束比赛。

在游戏中深度思考
——提升表达力

游戏一：词语接龙

这个游戏可以锻炼你的词汇量和快速反应能力。从一个人开始说一个词语，下一个人需要用前一个词语的尾字为头字重新组词，如此循环。比如，第一个人说"快乐"，第二个人就可以说"乐趣"，第三个人接着说"趣味"，以此类推。

游戏二：角色扮演

选择一个场景或情境，比如购物、看病、旅行等，然后进行角色扮演。通过扮演不同的角色来提高你的表达能力和适应不同情境的能力。

游戏三：家庭辩论

选择一个有争议的话题，然后分成两队进行辩论。每队都需要为自己的观点辩护，并反驳对方的观点。这个游戏可以锻炼你的逻辑思维、语言表达和应变能力。

这些游戏都可以在不同的场合和情境下进行，既可以单独玩，也可以和朋友或家人一起玩。通过参与游戏，可以在实践中提升自己的表达力，让自己的语言更加生动、有趣和有力。

峰哥智慧锦囊

01 比努力更重要的是深度思考的能力。

02 越忙的时候，越要学会停下来去深度思考。

03 理清逻辑，可以从根本上解决表达混乱的问题。

04 别人不知道你在表达什么，往往是因为你的观点表达不明确。

今日复盘

复盘不仅是为了找到错误，还是为了不再犯错

我今天学习了：

其中最重要的是：

我知道了：

我仍有疑惑的是：

我计划：

今日情绪监测表

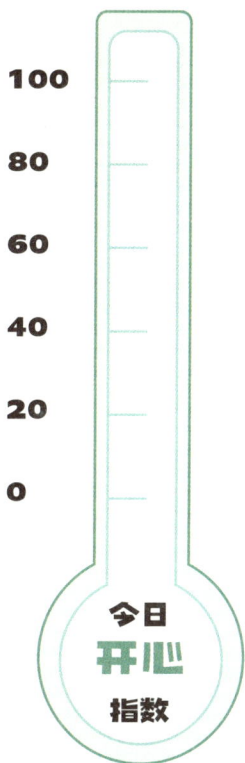

100
80
60
40
20
0

今日
开心
指数

3件美事

让你满血复活的3句话

明日晨读

时间	科目	晨读内容	效果评估 （待明日完成后评估）

明日计划

按ABC分类	起止时间	今日事项，要事第一 重要程度：A类>B类>C类	执行细则	完成 打√

上午

按ABC分类	起止时间	今日事项	执行细则	完成打√

下午

按ABC分类	起止时间	今日事项	执行细则	完成打√

晚上

按ABC分类	起止时间	今日事项	执行细则	完成打√

生活领悟

人生马拉松，耐力定终点

Day21

这是《追梦少年：暑假21天训练营》的最后1天，但对于梦想的追寻，我们还需要保持耐心、持续坚持，踏实地走好每一步。

为什么要保持耐心？

没有耐心，就像一切都被摁下了快进键，我们总是心浮气躁，对于生活中的美好，也只能走马观花。

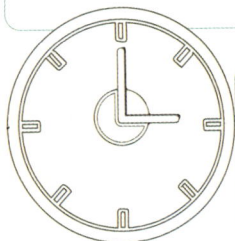

有了耐心，我们可以安然地沉浸在当下的时光中，对一些容易引起烦躁的事，我们会更坦然地接受它。

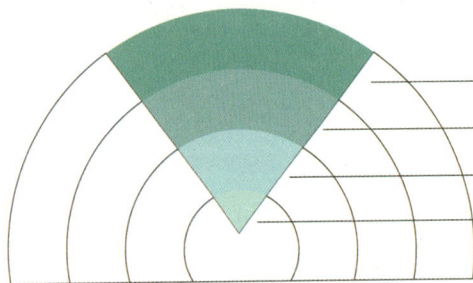

学习量（在表面，量虽然大但效用小）
思考量
行动量
改变量（在内层，量虽小但效用大）

成长权重对比： 改变量>行动量>思考量>学习量

相比学习本身而言，学习之后的思考、思考之后的行动、行动之后的改变更重要，如果不盯住内层的改变量（耐心就是其中之一），那么在表层投入再多的学习量也会事倍功半。

怎样理解耐心这件事？

"耐心，就是做什么事都不急躁呗！"

李小涛

"耐心，也指遇到困难时能够坚持、不放弃，慢慢地把一件事情做完。"

沈小月

"耐心，能够让我们更加友善，能够理解和包容他人。"

杜菲菲

"耐心，可以说是我们学习和生活中的好朋友。这种安静的毅力非常宝贵，但我们常常缺乏这种品质。"

王老师

测一测你的耐心指数

① 面前有一颗很想吃的糖，你会：

A. 赶紧吃掉，享受当下的满足

B. 做完功课再吃，当作最甜美的奖励

② 做功课时遇到难题，反复尝试也算不出来，你会：

A. 开始烦躁。不管了，先去玩一会儿

B. 暂时休息一下，再继续攻克，直到做出来为止

③ 跳绳和跑步考试快要开始了，你会：

A. 一想到这些运动项目就烦，索性破罐子破摔，逃避练习

B. 每天在自己状态好的时候，安排时间进行练习

④ 回到家里，听到妈妈在唠叨："你的功课做完了没有？练琴了吗？房间弄得乱七八糟的，又不收拾……"你会：

A. 觉得妈妈太唠叨了，对她发脾气："天天都这么啰嗦！太烦啦！"

B. 虽然觉得妈妈有点啰嗦，但能理解她是为了自己好。所以耐心地回复妈妈的问题，让她放心

这天你有许多功课要做，你会：

A. 先玩够了再做功课

B. 趁精神最好的时候先集中注意力完成功课，再出去玩耍

序号	答案
1	
2	
3	
4	
5	

　　以上几道关于"耐心"的情境测试题，可以把选择A和B的数量进行对比。如果选择A的数量比较多，说明你无论在学习上还是生活上，都比较缺乏耐心，需要改善；相反，如果选择B的数量比较多，说明你在保持耐心方面做得比较好，请继续保持！

缺乏耐心?
从大脑的进化中找找原因

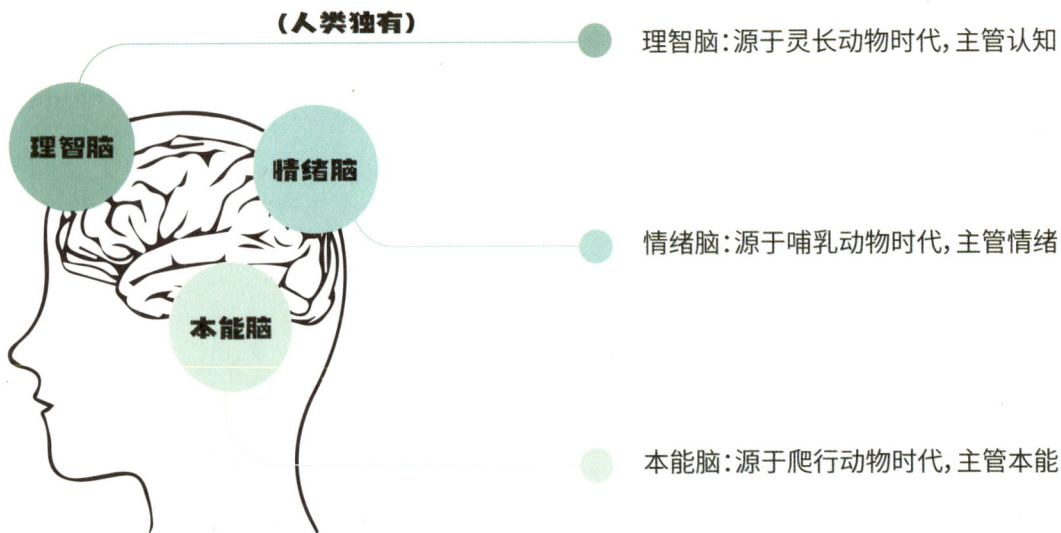

（人类独有）

理智脑:源于灵长动物时代,主管认知

理智脑

情绪脑

情绪脑:源于哺乳动物时代,主管情绪

本能脑

本能脑:源于爬行动物时代,主管本能

　　3.6亿年前,为了适应陆地生活,爬行动物演化出最初的"**本能脑**"。它的结构简单,能对环境快速作出本能反应;

　　2亿年前,为了更好地适应环境,哺乳动物的大脑里发展出独特的情感区域(边缘系统),这就是"**情绪脑**";

　　距今250万年前,人类大脑的前额区域进化出了"新皮层",这就是人类特有的"**理智脑**"。

"相比于本能脑和情绪脑，理智脑进化得晚，肯定发育得不够成熟。"

李小涛

"是的，正因为如此，理智脑控制我们大脑的能力比较弱，很多决定都是本能和情绪在起作用，所以我们常常会没耐心、很烦躁！"

王老师

"这样看，好像缺乏耐心是天生的。但是生活里有些人天生比较暴躁，有些人天生比较温和。这是不是说明耐心是可以后天锻炼的？"

杜菲菲

"没错，这也是我想要说的重点。"

王老师

找出元凶，觉察真正的自己

当你在学习或生活中感到心神不宁的时候，这时不要急着处理手里的事情，可以先停下来做几次深呼吸，尝试放空大脑，将注意力集中在呼吸上。

放松下来后，你可以思考一下，当下是什么事情让你失去了耐心，比如是无事可做，还是要做的事情太多了？有什么事、人、语言或情境等让你很难保持冷静……试着写下来，慢慢地，你就会越来越擅长客观地分析这种不耐烦的情绪，并有效地控制它了。

耐心觉察表

序号	日期	事情描述	原因分析	计划应对的措施
1	7月20日	下午写数学作业时，我遇到了几道很难的计算题，很久都算不出来，烦躁得直跺脚。	对相应的题型掌握不牢固。	对于数学中难以理解的题型，可以先查阅课本的相应例题，分析后再做其他试题。
2				
3				
4				
5				

培养延迟满足的习惯

杜菲菲："什么是延迟满足呢？"

李小涛："它与即时满足相反，即时满足就是想要一个东西，马上就想得到。"

王老师："是的，小涛说得非常好。这样延迟满足也就好理解了：它是一种甘愿为更有价值的长远结果而选择耐心地坚持。"

杜菲菲："为了开学后英语成绩提高到95分，暑假期间，我制订了背诵英语单词和听听力的计划，并坚持每天执行，这算不算一种延迟满足呢？"

王老师："当然算了，在学习英语的过程中，你会遇到很多诱惑，比如有同学叫你出去玩，学习时总想吃零食，等等。如果你能抵抗住这些诱惑，说明你的延迟满足能力还不错哦！"

所以，制订计划，有条不紊地执行，并排除外界干扰，就是在培养自己延迟满足的能力，有了这种能力，对当下正在做的事，也就更有信心和耐心了。

想一想：为了实现某个长期目标，近期你做了哪些努力？抵抗住了哪些诱惑？

目标：

所做的努力：

抵抗的诱惑：

面对困难，主动改变行动的视角

这21天中，你可能列了很多计划，现在复盘一下自己执行得怎么样。

不错，基本都做到了

还可以，做到了一部分

不理想，执行得不到位

无论你执行得如何，到现在为止，你都需要对自己保持耐心，并学会从宏观视角重新审视一下自己。

很多时候，我们对困难的事物缺乏耐心，往往是因为自己看不到全局，不知道自己身在何处，如果我们能了解一些事物发展的基本规律，就会极大地提升我们的耐心。比如在最初设立21天的目标时，你考虑过不同的目标难度会影响我们的耐心程度吗？

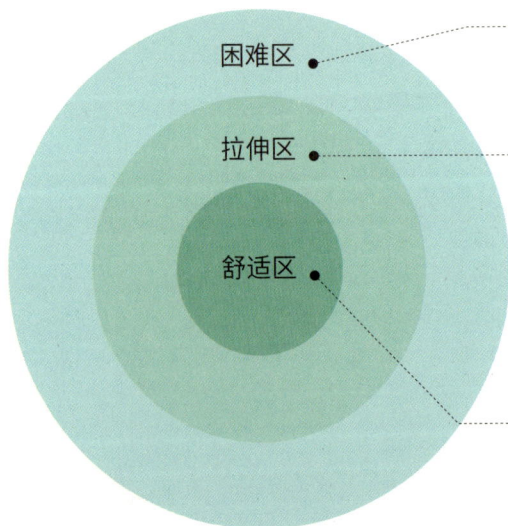

困难区 —— 在困难区，容易因畏惧而逃避

拉伸区 —— 既有成绩又有挑战，进步最快
在拉伸区（舒适区边缘）

舒适区 —— 在舒适区，容易因无聊而走神

在舒适区边缘扩展自己的行动范围

如果你想要获得高效成长,必须让自己始终处于舒适区的边缘,比如背诵英文单词,在结合艾宾浩斯遗忘曲线的基础上,你需要对有些印象但并不完全熟悉的单词下大功夫,而不能把太多时间花在已经背了很多遍(舒适区),或者超出年级考纲的单词上(困难区)。因为始终停留在舒适区会让你的学习停滞,而贸然跨到困难区会让自己无比受挫。

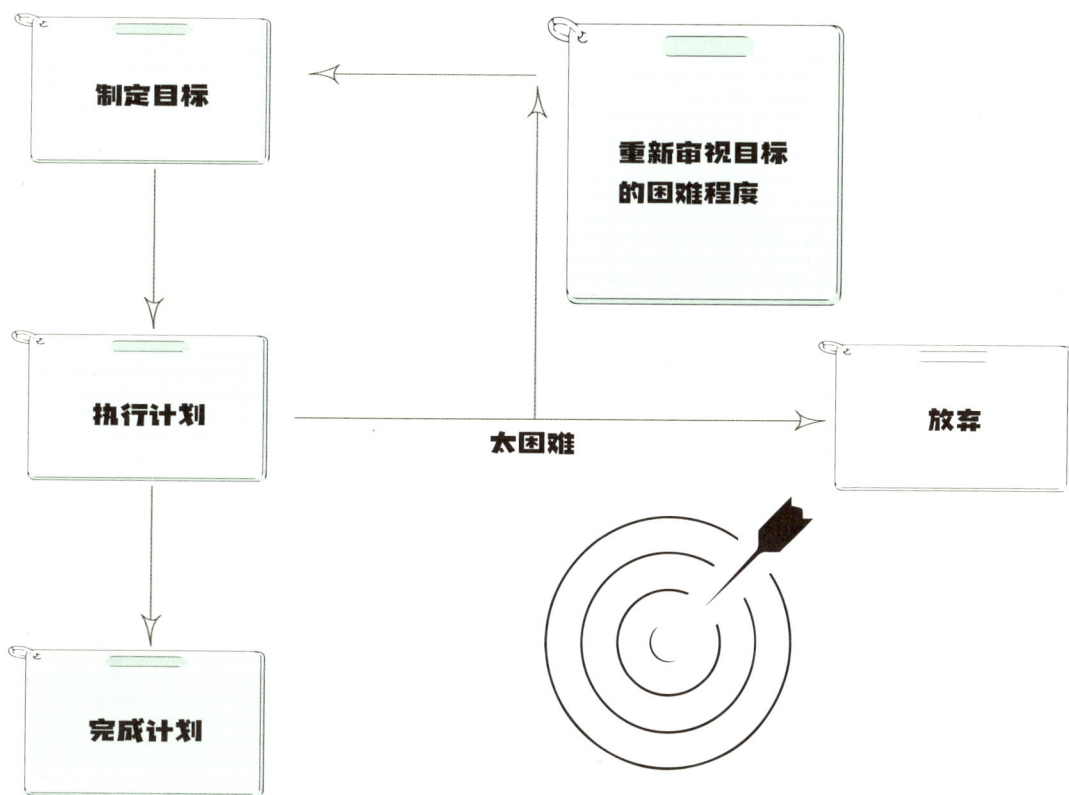

制定目标

重新审视目标的困难程度

执行计划 — 太困难 → 放弃

完成计划

你也可以回忆一下在第3天学到的时间复利效应，它显示了价值积累的普遍规律，即想要克服一个困难，前期努力呈现的效果可能并不明显，但是只要保持耐心，到达一个拐点后，你努力的成效就会格外显著。

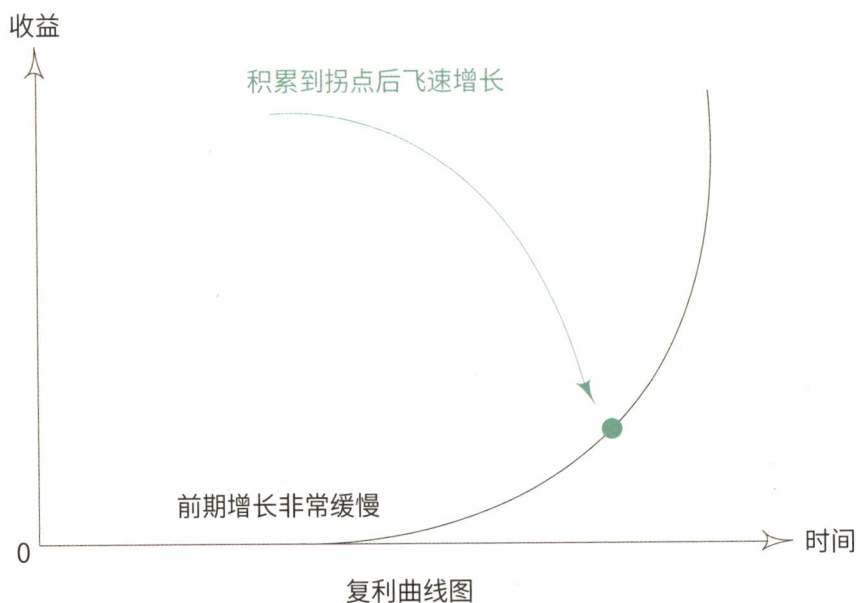

困难

收益

积累到拐点后飞速增长

前期增长非常缓慢

0

时间

复利曲线图

"保持耐心吧，21天只是你梦想的开始，忍得了孤独，耐得住寂寞，并反复回看自己的目标，你才能获得真正的成长。"

王老师

峰哥智慧锦囊

01 要培养耐心，先处理情绪，再处理事情。

02 给自己时间，相信自己，一定会有比意料之中更好的结果。

03 不积跬步，无以至千里；不积小流，无以成江海。只有耐心把小事做好，才有可能成就大事。

04 修炼耐心，就是学会沉淀自己，耐心一点，再耐心一点，才能拨开云雾看见晴天。

今日复盘

复盘不仅是为了找到错误，还是为了不再犯错

我今天学习了：

其中最重要的是：

我知道了：

我仍有疑惑的是：

我计划：